畜禽规模化养殖丛书

肉牛规模化养殖技术图册

主编 郑 立

河南科学技术出版社

·郑州·

图书在版编目（CIP）数据

肉牛规模化养殖技术图册／郑立主编 . —郑州：河南科学技术出版社，
2021. 5

（畜禽规模化养殖丛书）

ISBN 978-7-5725-0408-2

I. ①肉… Ⅱ. ①郑… Ⅲ. ①肉牛–饲养管理–图解 Ⅳ. ①S823. 9-64

中国版本图书馆 CIP 数据核字（2021）第 076222 号

出版发行：河南科学技术出版社
地址：郑州市郑东新区祥盛街 27 号 邮编：450016
电话：（0371）65737028 65788613
网址：www. hnstp. cn
策划编辑：陈淑芹
责任编辑：陈淑芹
责任校对：尹凤娟
封面设计：张德琛
版式设计：栾亚平
责任印制：朱 飞
印 刷：河南省环发印务有限公司
经 销：全国新华书店
开 本：850 mm×1 168 mm 1/32 印张：6.75 字数：220 千字
版 次：2021 年 5 月第 1 版 2021 年 5 月第 1 次印刷
定 价：36.00 元

本书编写人员名单

主　　编　郑立（河南牧业经济学院）
副 主 编　孙留霞（周口职业技术学院）
　　　　　李军平（驻马店市畜牧站）
　　　　　陈海洲（西平县动物疫病预防控制中心）
编　　者
　　　　　孙留霞（周口职业技术学院）
　　　　　李军平（驻马店市畜牧站）
　　　　　李志钢（平顶山市畜牧技术推站）
　　　　　张鸿凯（河南省鼎元种牛育种有限公司）
　　　　　陈海洲（西平县动物疫病预防控制中心）
　　　　　郑立（河南牧业经济学院）

前　言

　　我国经济已由高速增长阶段转向高质量发展阶段，以习近平同志为核心的党中央明确提出实施乡村振兴战略，加快推进农业农村现代化，走质量兴农之路，实现我国由农业大国向农业强国转变。

　　近年来，国家不断加大投入力度，推动地方以标准化、现代化生产为核心的畜禽养殖标准化示范创建活动。按照"生产高效、环境友好、产品安全、管理先进"的要求，引导牛羊养殖场大力发展标准化、规模化养殖，建立生产纪录台账制度，推进规模经营主体按标生产，加快质量兴牧、绿色兴牧建设。根据《国家质量兴农战略规划（2018—2022 年）》目标，在"菜篮子"大县、畜牧大县和现代农业产业园全面推行全程标准化生产，到2022 年创建 500 个畜禽养殖标准化示范场，改造老旧果园茶园，建设一批畜禽标准化规模养殖小区，不断适应高质量发展的要求，提高规模养殖综合效益和竞争力。

　　目前养殖户和养殖规模逐年递增，标准化生产和规模扩大及结构优化是养牛企业发展的正道良策，有利于带动行业理念升级，加快推进自主品牌与产业文化建设。本书在此大好形势下，通过深入浅出的文字介绍及大量直观实用的图片，从品种良种化、养殖设施化、生产规范化、防疫制度化、污物无害化、管理常态化等六个方面详细介绍了肉牛养殖场规模化示范创建内容，突出了近年来肉牛新品种、养殖新技术的推介，是中大型畜禽养殖场的技术人员、规模化养殖农户的实用参考书。

由于我们的理论水平和实践经验有限，书中疏漏和不妥之处，敬请广大读者斧正，以臻完善，以便再版时补正。

编者

2020 年 10 月

目　录

第一部分 基础知识

一、我国肉牛产业发展现状与趋势

肉牛产业是保障中国农业生产系统良性循环的重要环节，是推进中国城乡居民肉食消费结构改善的重要产业。自 20 世纪 80 年代以来，中国肉牛产业快速发展，但近年来随着农业机械化的快速发展和资源条件的变化等，肉牛产业出现了快速下滑的趋势。在新的形势下，中国肉牛产业开始向规模化养殖转型，同时不断完善现代化供应链。但在这个过程中，中国肉牛产业也面临着转型带来的挑战。

1. 我国肉牛生产模式 我国的肉牛生产大部分是农（牧）户分散养殖的繁殖母牛和架子牛，小规模养殖户或育肥场集中育肥。由于异地育肥居多，运输成本及防疫风险徒增。现阶段我国的肉牛生产应逐步强化商品肉牛基地建设，实行区域性开发，组建养牛专业村和肉牛育肥场，同时以屠宰加工企业为驱动力，带动相关产业协同发展，采用公司+农户的模式，使肉牛产业从饲养开始，通过繁殖、育肥、屠宰、加工、销售等各个环节增加附加值，合理分配利益，完善产业链。

2. 国家多方位加大政策扶持力度 近年来，国家相继出台了肉牛良种补贴、基础母牛扩群增量补贴、南方现代草地畜牧业项目、养牛大县奖励等扶持政策，持续加大了肉牛标准化示范养殖场建设、良种工程、秸秆养牛等工程项目投资，推动了肉牛产业的转型升级与可持续发展，全国肉牛存栏量持续稳步增长，肉牛养殖适度规模化及标准化程度不断提高。2015年，国家大力倡导种养结合的养殖模式，提出支持青贮玉米和苜蓿等饲草料的种植，开展粮改饲和种养结合模式试点，促进粮食、经济作物、饲草料三元种植结构协调发展。这一举措，标志着我国即将步入"粮改饲"时代，是国家粮食安全观念的重大革新，有助于优化肉牛产业的基础结构，也为肉牛业等节粮型畜牧业的持续发力提供了重要支撑。

3. 市场需求量增加　国民的消费饮食正在发生变化，更多人愿意消费牛肉，牛肉消费量逐年上升，且增速加快。14亿的庞大人口，这将是一个非常可观的肉牛消费潜力。从2005~2018年，中国牛肉消费量已由561.4万吨增加至791万吨，增长幅度达到40.9%（图1-1）。

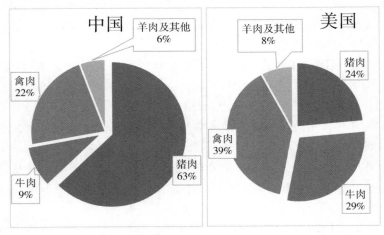

图1-1　2018年中国与美国肉类消费结构

牛肉在我国越来越受欢迎，牛肉消费量以每年 5%~8%的速度增长。然而与西方牛肉消费水平相比，我国仍处于一个很低的消费水平（图1-2）。

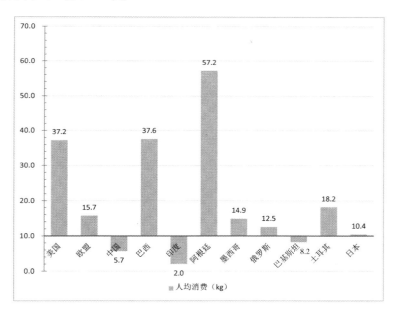

图1-2 2018年中国人均牛肉消费量与世界各地比较

4. 我国牛肉来源 目前，我国的牛肉主要有两大来源。第一个来源是认证进口，2018年我国牛肉进口来源国包括巴西、乌拉圭、澳大利亚、新西兰、阿根廷、加拿大、智利、哥斯达黎加、美国、南非、乌克兰、墨西哥、匈牙利、爱尔兰、法国、塞尔维亚等16个国家（图1-3）。

第二个来源是我国养殖户。美国排名前四的肉牛企业屠宰了75%的肉牛，而我国前四的肉牛企业仅屠宰了1%的肉牛。我国

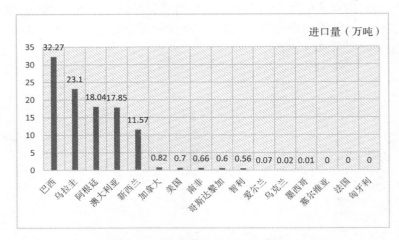

图 1-3　2018 年中国进口认证牛肉的来源国分布

肉牛业被认为是全球第三大，然而与美国相比，我国肉牛业是高度零散化的。绝大多数的牛肉都是来自小型的、低效率饲养模式的农户或家庭养殖场，养殖成本高，难以形成规模，不能满足人们日益增长的牛肉消费水平。

另一个来源是一些灰色渠道，包括走私牛肉。多以中高端牛肉为主，约占消费量的 10%，这种不良行为无疑进一步给我国牛肉的市场监管增大了难度，也为食品质量安全埋下了多重隐患。

5. 肉牛产业现状　养牛已经成为我国一些地区农村经济的主导产业。我国肉牛养殖主要以家庭养殖为基础，抗风险能力较弱，在面对成本大、周期长、风险高、效益不均的肉牛市场时养牛户看中既得利益，宰杀基础母牛，减少养殖量甚至退出，养殖环节出现萎缩迹象，产业链易导致多米诺骨牌效应，并形成恶性循环。

受比较效益低（农民养牛不如外出打工收入高）、饲养风险大、劳动力成本增加、饲草饲料成本增加以及缺乏完善的信贷支持等因素影响，肉牛饲养量（尤其是基础母牛饲养量）下滑，犊牛价格上涨，助推了牛肉价格的不断上涨。近几年，我国生鲜牛肉产品价格呈现逐年增长态势，从 2005 年的 16.8 元/kg，增长至 2010 年的 31.5 元/kg，到 2018 年年底的 60.3 元/kg。由于育肥架子牛紧张，牛肉价格持续上升，所以肉牛养殖效益逐步好转，市场行情继续看好，这将会有力拉动肉牛业的恢复。而随着经济发展和国民生活水平的不断提高，我国消费者对于牛肉的品质要求显著提升，优质高档牛肉产品在我国消费市场将呈现出供不应求的局面。

二、牛的生物学特性和经济学特性

（一）形态特征

牛的形态特征是在当地的自然条件和社会经济条件下，经过长期自然选择和人工选择而形成的。它或是直接的经济性状，或是品种特征而具有间接的经济价值。

1. 毛色　毛色是品种的特征标志，也是外部识别标志，常见的有黑、白、黄、红等颜色（图 1-4、图 1-5）。毛色一般无直接经济意义，但在热带与亚热带地区，毛色与调节体温以及抵抗蚊蝇袭扰的能力有关。浅色牛比深色牛更能适应炎热的环境条件。夏季牛虻的趋光特性也使得深色牛难以适应。某些黄牛的皮革品质也与毛色有关（表 1-1）。

表 1-1　部分品种牛的毛色特征

品种	毛色特征
夏洛来牛	全身毛色乳白或浅乳黄色
秦川牛	紫红、红、黄三种，有深浅
南阳牛	毛色分黄、红、草白三种，黄色为主
海子水牛	浅灰色，随年龄的增长，毛色逐渐由浅灰变深灰或暗灰色
西门塔尔牛	黄白花或淡红白花，头、胸、腹与四肢、尾帚多为白色

图 1-4　郏县牛全身枣红色（有角）

图 1-5　安格斯牛全身黑色（无角）

2. 角 角的有无和形状是牛品种特征的表现，是作为防御性器官被保留下来的。牛分有角和无角两类，我国的大部分黄牛为有角品种，常见的无角品种有海福特牛、安格斯牛等。

角的质地和角基的粗细与骨骼的发育程度有一定关系。角的形态各异，水牛的角多宽扁而长，黄牛、奶牛的角多小、圆而短。在现代化规模牧场中，为方便饲养管理及减少牛个体间伤害，多进行去角，随着育种要求的推进，以后的专用品种会发展成无角（图1-6、图1-7）。

图1-6 郏县红牛节上选美大赛获奖牛的倒八字角

图1-7 许昌金卡特农牧有限公司肉牛育肥场中去角的架子牛

3. 肩峰及垂皮 肩峰是指牛鬐甲部位的肌肉状隆起。垂皮是颈下胸部发达的皮肤皱褶。瘤牛、印度野牛、黄牛，特别是我国南方牛具有明显的肩峰和垂皮。热带地区牛的肩峰、垂皮比温带和寒带地区牛发达；雄性激素有助于肩峰及垂皮的发育，公牛的比母牛的发达。瘤牛的肩峰又称瘤峰，其大小随个体不同而有差异（图1-8）。

图 1-8　各种牛的肩峰及垂皮

左上：牛被毛红白花、小肩峰、小胸垂、大脐垂、耳形半下垂；右上：牛白色被毛、大肩峰、大胸垂、大脐垂、耳形半下垂；左下：牛体形浑圆，肩峰稍平整，胸垂小；右下：牛全身红色、大肩峰、小胸垂。

（二）生理指标

1. 血液　血液组成与机体的新陈代谢密切相关。初生犊牛机体内部血液中的氧化还原过程比成年牛强烈，这对初生犊牛适应复杂的外界环境具有重要意义。随年龄增长，血液中的白细胞、红细胞以及血红素的含量显著降低，这与机体的代谢速度减慢有关。血液成分还受性别、饲养条件、气温、湿度、光照强度、海拔高度等生态条件的影响（表 1-2）。

表1-2　牛的血液生理指标

指标	初生	6月龄	12月龄	24月龄	成母牛
血重占活重（%）	10.3	7.7	8.0	7.3	8.2
红细胞数（×10^{12}/L）	9.24	7.63	7.43	7.37	7.72
白细胞数（×10^9/L）	7.51	7.61	7.92	7.35	6.42
血红蛋白含量（g/L）	114	124	118	112	110

2. 脉搏、呼吸和体温　牛正常体温范围为37.5~39.5 ℃，不随年龄变化。牛的脉搏、呼吸、体温受年龄、生理状态和运动等多种因素影响。每分钟脉搏数，一般成年牛为40~70次，青年牛70~90次，犊牛为90~110次。牛的正常呼吸次数，犊牛为30~56次/min，成年牛为12~16次/min。

（三）生态适应

1. 环境温度　牛能在低温环境中维持体温恒定，但不能耐受35 ℃以上的高温，当外界气温高于其体温5 ℃便不能长期生存。气温25 ℃以上时牛的采食量大幅度下降，肉牛生长发育迟缓，公牛精液品质及母牛受胎率降低；气温10 ℃以下时，肉牛为保持体温恒定，会增加采食量提高产热，更低气温时还会抑制母牛的发情和排卵。

2. 空气湿度　牛对环境湿度的适应性主要取决于环境的温度。高温高湿，抑制蒸发散热，对牛的热调节不利，加剧热应激；低温高湿，加快非蒸发散热，牛体散热量增大，促使产热量提高。空气相对湿度以50%~70%为宜，凉爽干燥的环境适宜于牛发挥最大生产力。

3. 海拔　海拔越高，空气含氧量越少，植被条件越差。长期风土驯化产生了高海拔品种。如瑞士褐牛，夏季在2 000 m以上的山地牧场放牧，冬季转移低海拔的冬季牧场过冬。牦牛，终年在3 000 m以上高海拔地区。

（四）消化特征

牛的消化道由口腔、食管、复胃、小肠、大肠组成，食物进入消化道后通过咀嚼、分泌唾液、反刍、消化、吸收、排泄等完成整个消化过程（图1-9）。

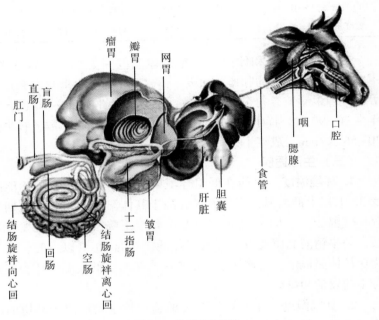

图1-9 牛的消化系统

1. 口腔 普通成年牛有牙齿32枚；犊牛有20枚，其中乳门齿8枚，上下臼齿12枚（无后臼齿）。牛无上切齿，其功能被坚韧的齿板所代替。成年牛每天咀嚼约4万次。

2. 唾液腺和食道 牛日唾液分泌量为60～180 L。唾液具有润湿饲料、溶解食物、杀菌保护口腔的作用，有助于消化饲料和形成食团。唾液的pH为8.3，呈碱性，含有碳酸盐和磷酸盐等缓冲物质和尿素等，具有缓冲作用，保持瘤胃内80%水分含量稳定，维持 pH，促进微生物的活动。唾液量受采食行为、饲料状态、水分含量、适口性等因素影响较大（表 1-3）。

表 1-3　对不同饲料的唾液分泌量的变化

饲料	L／日
干草	178
40%干草，60%精饲料	123
13%干草，87%精饲料	108
青贮	110

食道指连接口腔和胃之间的管道，由横纹肌组成，还有使食团从瘤胃逆呕出来送到口腔的功能。

3. 复胃　牛胃有 4 个胃室组成，即瘤胃、网胃（又称蜂巢胃）、瓣胃（又称百叶胃）和皱胃（又称真胃）。食物按顺序流经这 4 个胃室，其中一部分在进入瓣胃前返回到口腔内再被咀嚼，其过程称为反刍。这 4 个胃室并非连成一条直线，而是相互交错存在。

（1）瘤胃：瘤胃容积约为 250 L，不能分泌消化液，具有大量贮积、加工发酵食物的功能。瘤胃壁布满许多指状突起和乳头状小突起，增加了瘤胃吸收营养物质的面积。瘤胃的特点如下。

1）食物和水分相对稳定：瘤胃内容物含干物质 10%～15%，含水分 85%～90%。虽然经常有食糜流入和排出，但食物和水分相对稳定，能保证微生物繁殖所需的各种营养物质。

2）瘤胃 pH：瘤胃内 pH 变动范围是 5.0～7.5，呈中性而略偏酸，适合微生物的繁殖。

3）渗透压：一般情况下瘤胃内渗透压比较稳定，接近血浆水平。

4）瘤胃温度：由于瘤胃发酵产生热量，所以瘤胃内温度通常超过体温 1～2 ℃，一般为 39.5～41.5 ℃，正适合各种微生物的生长。

5）微生物种类繁多，瘤胃内微生物主要包括细菌、原虫、真菌三大类，它们生长在严格的厌氧条件下。细菌共计 900 余种，真菌比细菌少，会影响纤维素的消化。牛和微生物是共生关系，微生物提供牛所需的各种营养成分，牛提供微生物所需的环境和营养物质，并利用微生物吸收营养，如纤维素、非蛋白氮、维生素 B、维生素 K 的合成及利用等。

（2）网胃：网胃位于瘤胃前部，由低隔膜与瘤胃分开，与瘤胃的内容物可以自由混杂，对摄取进入体内的饲料进行消化吸收。网胃内皮有蜂巢状组织，故俗称蜂巢胃，它如同筛子，随着饲料吃进去的重物，如钉子和铁丝，都存在其中。

（3）瓣胃：瓣胃内表面排列有组织状的皱褶，一般认为它的主要功能是吸收饲料内的水分和挤压磨碎饲料。

（4）皱胃：皱胃其功能与单胃动物的胃相同，分泌消化液，内含有酶，能消化部分蛋白质，基本上不消化脂肪、纤维素或淀粉，饲料离开真胃时呈水状，然后到达小肠，被进一步消化。

4. 肠道　牛的肠道很发达，成年牛的消化道长度平均 56 m，其中小肠 40 m，大肠 10～11 m。犊牛刚出生时，肠道占消化道的比例达 70%～80%。

（五）行为特征

1. 摄食　牛依靠高度灵活的舌头采食饲料，舌头把草卷入口中，然后匆匆咀嚼，吞咽入胃。每天 4 个采食高峰期：日出前不久，上午的中段时间，下午的早期，近黄昏。日出前和近黄昏时采食持续时间最长。喜欢带甜、咸味的饲料。喜食青绿饲料和块根、洁净牧草（表 1-4）。

2. 排泄　牛排泄时多采用站立姿势，很少在躺卧时排泄粪尿（表 1-5）。

3. 其他行为　牛母性强。攻击行为公牛大于母牛。主要通过舔舐、嗅闻及声音等联络行为建立群体及母子关系。

表1-4 牛每天活动内容

项目	时间
采食	4~8 h
躺卧休息	3~5 h
站立休息	4~6 h
躺卧反刍	4~7 h
站立反刍	2~3 h
饮水	4~6 L/干物质，1~4 次/d

表1-5 肉牛每天排粪尿数量

内容	次数	数量（kg）
排粪	6~12	15~20
排尿	5~8	6~7

三、肉牛标准化规模生产条件

（一）必备条件

（1）场址不得位于《中华人民共和国畜牧法》明令禁止区域，并符合相关法律法规及区域土地使用规划。

（2）必须具备县级以上畜牧兽医部门颁发的动物防疫条件合格证，两年内无重大疫病和产品质量安全事件发生。

（3）必须具有县级以上畜牧兽医行政主管部门备案登记证明，并按照农业部门《畜禽标识和养殖档案管理办法》要求，建立养殖档案。

（4）必须年出栏育肥肉牛300头以上，或存栏能繁母牛50头以上。

（二）具体建设内容标准

1. 选址 养殖场必须远离生活饮用水源地、距离居民区和主要交通干线、其他畜禽养殖场及畜禽屠宰加工厂、交易场所500 m以上；场址地势需高燥，通风良好，背风向阳。

2. 基础设施　必须水源稳定，有水质检验报告并符合要求；有水贮存设施或配套饮水设备。电力供应充足有保障。交通便利，有专用车道直通到场。

3. 场区布局　场区与外环境必须隔离，场区内办公区、生活区、生产区、隔离区、粪污处理区完全分开，布局合理；肉牛育肥场有育肥牛舍，有运动场。母牛繁殖场有单独母牛舍、犊牛舍、育成舍、育肥牛舍，有运动场。

4. 净道和污道　净道、污道要严格分开。牧场必须有放牧专用牧道。

5. 牛舍与饲养密度　牛舍须为有窗封闭式、半开放式或开放式。舍内饲养密度必须为每头≥3.5 m²。

6. 消毒设施　场门口设有消毒池，人员更衣、换鞋室和消毒通道，场内有行人、车辆消毒槽。配备相应的环境消毒设备。

7. 养殖设备与设施　牛舍内要有固定食槽、饮水器或独立饮水槽，运动场或犊牛栏设有补饲槽及饮水槽。有全混合饲料搅拌机、铡草机。有足够容量（10 m³/头）的青贮设施，以及足够容量（2吨/头）的干草棚库。

8. 辅助设施　场内有档案室、兽医室、人工授精室。建设有装牛台，配有地磅秤。

9. 饲料供应管理　使用精料补充料，有粗饲料供应和采购计划。牧场实行划区轮牧制度、季节性休牧制度，建有人工草场。

10. 疫病防治制度　有消毒防疫制度，有口蹄疫等国家规定的疫病的免疫接种计划，并记录完整；有预防、治疗肉牛常见病的规程；有兽药使用记录，包括适用对象、使用时间和用量。

11. 生产记录　有科学的饲养管理操作规程，并上墙。育肥场购牛时有动物检疫合格证明，有牛群周转（包括品种、来源，进出场的数量、月龄、体重）完整记录。母牛繁殖场有配种方案和母牛繁殖完整记录（包括品种、与配公牛、预产日期、产犊日期、犊牛初生重）。有完整的精粗饲料消耗记录。

12. 档案管理 牛群的周转、疫病防治、疫苗接种、饲料采购、配种繁殖、兽药使用、人员雇用等档案资料保存完整。

13. 人员配备 有 1 名以上经过畜牧兽医专业知识培训的技术人员并持证上岗。

14. 粪污处理 有固定的牛粪储存、堆放场所，并有防雨、防渗漏、防溢流等措施；有沼气发酵或其他处理设施，或采用农牧结合的方式做有机肥利用。

15. 病死牛处理 配备焚尸炉或化尸池等病死牛无害化处理设施；病死牛采取焚烧或深埋等方式处理。

16. 生产水平 育肥场育肥期平均日增重达到 1.2 kg 以上，母牛繁殖场或牧场的母牛繁殖率达到 80% 以上，犊牛成活率达到 95% 以上。

只有达到以上条件，才能达到国家要求的肉牛标准化规模养殖场所要求的"五化"标准（畜禽良种化、养殖设施化、生产规范化、防疫制度化、粪污无害化）。

第二部分　肉牛的选种与选育

一、肉牛优良品种

（一）牛的分类

1. 牛在动物分类学上的地位　动物分类学上按照牛的形态、解剖结构、生理习性等特征、特性，对牛类动物做了科学的划分和归类。牛属于偶蹄目、反刍亚目、洞角科、牛亚科的动物。牛亚科是一个庞大的分类学集群，现存的物种有 13 种之多。关于牛亚科的分类方法，动物学家存在不同的观点，一般分为牛属、水牛属和准野牛属等。

牛属包括黄牛、瘤牛和牦牛。瘤牛肩上部具有发达的软组织，鬐甲部高耸，形似瘤状；而黄牛则无明显的肩峰。瘤牛与黄牛杂交能够正常生育，因此一些国家就利用瘤牛耐热性强的特点，成功地与黄牛杂交而培育成适合热带气候的肉牛品种。牦牛有家养牦牛和野生牦牛，野生牦牛的体格约大过家养牦牛一倍，与家养牦牛杂交，其后裔可育，可见不存在生殖隔离现象。牦牛与黄牛杂交，其杂种一代犏牛生产性能表现良好。但低代杂种公牛无生殖能力，而各代杂种母牛繁殖力正常（图 2-1~图 2-3）。

图 2-1　黄牛

图 2-2　瘤牛

图 2-3　牦牛

　　水牛属分为江河型水牛和沼泽型水牛。中国水牛属于亚洲水牛种下的沼泽型，而印度和巴基斯坦的水牛则属于亚洲水牛种下的江河型（图 2-4）。

图2-4 水牛

大额牛属于准野牛属，目前在我国云南省贡山独龙族怒族自治县的独龙江流域还生存有少量的云南大额牛。

2. 牛的经济用途分类 牛在世界上分布范围极广，在人类长期的、有目的的精心选择和培育下，现已分别向乳、肉、役等方向培育出许多专门化的品种。因此，畜牧学家常常按经济用途对普通牛进行分类，一般分为乳牛、肉牛、肉乳或乳肉兼用牛、肉役或役肉兼用牛。

肉牛品种按其品种来源、体型大小和产肉性能，大致可以分为下列3类。

（1）中小型早熟品种：生长快，肉中脂肪多，皮下脂肪厚；体型较小，一般成年公牛体重为 500 ~ 700 kg，母牛为 400 ~ 500 kg，如安格斯牛、皮埃蒙特牛、海福特牛等。

（2）大型品种：多数产于欧洲大陆，原为役用牛，后转为肉用。体型大，肌肉发达，脂肪少，生长快，但较晚熟。成年公牛体重可超过 1 000 kg，母牛可超过 700 kg，如法国的夏洛来牛和利木赞牛，意大利的契安尼娜牛，德国黄牛等品种。

（3）含瘤牛血液的品种：瘤牛原产于印度，瘤牛脖子上方有一个硕大的牛峰，因鬐甲部有肌肉组织隆起如瘤，故名。耐热、耐旱、耐粗饲，体格较大，头面狭长，额宽而突出，颈垂特别发达，蹄质坚实。毛色多种，常见的有不同深浅的灰色、褐色、红色及黑色等。汗腺多，腺体大，易排汗散热。对焦虫病有较强的抵抗力。皮肤分泌物有异味，能防壁虱和蚊蝇。许多国家利用瘤牛与欧洲肉牛杂交，培育出含不同程度瘤牛血液的优良新品种。中国也曾引入瘤牛改良当地黄牛，如辛地红牛、抗旱王、肉牛王、婆罗门牛等品种。

（二）优良肉牛品种

1. 国外主要品种

（1）夏洛来牛：夏洛来牛原产于法国中西部到东南部的夏洛来省和涅夫勒地区，是举世闻名的大型肉牛品种，自育成以来就以其生长快、肉量多、体型大、耐粗放而受到国际市场的广泛欢迎，早已输往世界许多国家（图2-5）。

图2-5 夏洛来牛

1）外貌特征：被毛为白色或乳白色，皮肤常有色斑；全身肌肉特别发达；骨骼结实，四肢强壮。夏洛来牛头小而宽，角圆而较长并向前方伸展，角质蜡黄，颈粗短，胸宽深，肋骨方圆，背宽肉厚，体躯呈圆筒状，肌肉丰满，后臀肌肉很发达并向后和侧面突出。成年活重，公牛平均为1 100～1 200 kg，母牛700～800 kg。

2）生产性能：生长速度快，瘦肉产量高。在良好的饲养条件下，6月龄公犊可达250 kg，母犊210 kg。日增重可达1 400 g。在加拿大，良好饲养条件下公牛周岁可达511 kg。该牛作为专门化大型肉用牛，产肉性能好，屠宰率一般为 60%～70%，胴体瘦肉率为 80%～85%。16 月龄的育肥母牛胴体重达 418 kg，屠宰率66.3%。但该牛纯种繁殖时难产率较高（13.7%）。

3）与我国黄牛杂交效果：我国自 1964 年以来陆续由法国引进夏洛来牛，分布在东北、西北和南方部分地区。据各地反映，引入的夏洛来牛饲养效果较好，能适应各地的自然气候条件，尤其表现出耐寒、耐粗饲性。用该品种与我国本地牛杂交来改良黄牛，取得了明显效果，表现为夏杂后代体格明显加大，增长速度加快，杂种优势明显，其中最著名的就是夏南牛。

（2）利木赞牛：利木赞牛原产于法国中部的利木赞高原，并因此得名。在法国，其主要分布在中部和南部的广大地区，数量仅次于夏洛来牛，育成后于 20 世纪 70 年代初，输入欧美各国，现在世界上许多国家都有该牛分布，属于专门化的大型肉牛品种。1974～1993 年，我国数次从法国引入利木赞牛，在河南、山东、内蒙古等地改良当地黄牛（图 2-6）。

图 2-6　利木赞牛

1）外貌特征：利木赞牛毛色为红色或黄色，口、鼻、眼周围、四肢内侧及尾帚毛色较浅，角为白色，蹄为红褐色。利木赞牛头较短小，额宽，胸部宽深，体躯较长，后躯肌肉丰满，四肢粗短。平均成年体重公牛为 1 200 kg、母牛为 600 kg。

2）生产性能：利木赞牛产肉性能高，胴体质量好，眼肌面积大，前后肢肌肉丰满，出肉率高，在肉牛市场上很有竞争力。

3）肉用特点：利木赞牛体格大、生长快、肌肉多、脂肪少。腿部肌肉发达，体躯呈圆筒状、脂肪少。早期生长速度快，并以产肉性能高，胴体瘦肉多而出名。是杂交利用或改良地方品种时的优秀父本。利木赞牛肉品等级明显高于普通牛肉。肉色鲜红、纹理细致、富有弹性、大理石花纹适中、脂肪色泽为白色或带淡黄色、胴体体表脂肪覆盖率100%。普通的牛很难达到这个标准。

（3）安格斯牛：安格斯牛又称亚伯丁安格斯牛，起源于苏格兰东北部，与被称为英国最老品种的卷毛加罗韦牛亲缘关系密切。19世纪初很多育种专家包括著名的华特生（Hugh Watson）等改良了这个品种，固定了该品种现在的体型。纯种或杂交的安格斯阉牛在英美主要肉畜展览会中保持很高声誉。安格斯牛肉要在10 ℃以下冷藏10~14天的时候，食用的口感最好。这主要是牛肉中的蛋白质纤维被自然分解的结果。没有经过冷藏的安格斯牛肉较韧，冷藏过度的较老。安格斯牛一般指的是黑色的牛种。普遍认为黑牛种优，但北美也有人专门养殖红色的安格斯牛（图2-7）。

图2-7　安格斯牛

1）外貌特征：安格斯牛以被毛黑色和无角为其重要特征，故也称其为无角黑牛。该牛头小而方，额宽，体躯低翻、结实、宽深，呈圆筒形，四肢短而直，前后裆较宽，全身肌肉丰满，具

有现代肉牛的典型体型。安格斯牛成年公牛平均活重700~900
kg，母牛500~600 kg，犊牛平均初生重25~32 kg，成年体高公
母牛分别为130.8 cm和118.9 cm。在美国有经过选育的红色安
格斯品种。该牛皮肤松软，富弹性，被毛光泽而均匀。部分牛只
腹下、脐部和乳房部有白斑。

　　2）生产性能：安格斯牛具有良好的肉用性能，被认为是世
界上专门化肉牛品种中的典型品种之一。表现早熟，胴体品质
高，出肉率高。屠宰率一般为60%~65%，哺乳期日增重900~
1 000 g。育肥期日增重（1.5岁以内）平均0.7~0.9 kg。肌肉大
理石纹很好。

　　（4）西门塔尔牛：西门塔尔牛原产于瑞士阿尔卑斯山区，
并不是纯种肉用牛，而是乳肉兼用品种。但由于西门塔尔牛产乳
量高，产肉性能也并不比专门化肉牛品种差，役用性能也很好，
是乳、肉、役兼用的大型品种。在北美主要是肉用，在中国和欧
洲主要为兼用。此品种被畜牧界称为全能牛。我国从国外引进肉
牛品种始于20世纪初，但大部分都是新中国成立后才引进的。
西门塔尔牛在引进我国后，对我国各地的黄牛改良效果非常明
显，杂交一代的生产性能一般都能提高30%以上，因此很受欢迎
（图2-8）。

图2-8　西门塔尔牛

1) 外貌特征：该牛毛色为黄白花或淡红白花。头、胸、腹下、四肢及尾帚多为白色，皮肤为粉红色，全身具花斑，眼睛周围多数是有色的，称为眼镜，头较长，面宽，角较细而向外上方弯曲，尖端稍向上。颈长中等，体躯长，呈圆筒状，肌肉丰满，前躯较后躯发育好，胸深尻宽、平，四肢结实，大腿肌肉发达，乳房发育好，成年公牛体重平均为 800~1 200 kg，母牛 650~800 kg。

2) 乳用性能：西门塔尔牛乳、肉用性能均较好，平均产奶量为 4 070 kg，乳脂率 3.9%。在欧洲良种登记牛中，年产奶 4 540 kg 者约占 20%。为了能得到更多高质量的乳产品，近几年养殖户更多的接受乳肉兼用型西门塔尔牛。这些年宣传推广的德国弗莱维赫牛和法国的蒙贝利亚牛都和西门塔尔牛有着很近的血缘关系。

3) 肉用特点：体格大、生长快、肌肉多、脂肪少，西门塔尔牛公牛体高可达 150~160 cm，母牛可达 135~142 cm。腿部肌肉发达，体躯呈圆筒状、脂肪少。肉品等级高，西门塔尔牛的牛肉等级明显高于普通牛肉。该牛生长速度较快，日均增重可达 1.35~1.45 kg 以上，生长速度与其他大型肉用品种相近。90 日龄的日增重平均为 775 g，宰前活重达 425.8 kg，胴体重 247.8 kg，屠宰率 58.01%，净肉率 48.959%，骨肉比 1：5.97，眼肌面积 63.95 cm^2。胴体肉多脂肪少而分布均匀。成年母牛难产率低、适应性强、耐粗放管理。总之该牛是兼具奶牛和肉牛特点的典型品种。

（5）海福特牛：海福特牛产于英国英格兰的海福特县，是世界上最古老的早熟中小型肉牛品种。我国从 1964 年开始引进，平均成年体重公牛为 1 000~1 100 kg，母牛为 600~750 kg（图 2-9）。

1) 品种特征：海福特牛体躯宽大，前胸发达，全身肌肉丰满，头短、额宽、颈短粗、颈垂及前后躯发达，背腰平直而宽，肋骨张开，四肢端正而短，躯干呈圆筒形，具有典型的肉用牛的长方体型。被毛，除头、颈垂、腹下、四肢下部和尾端为白色外，其他部分均为红棕色，皮肤为橙红色。

图2-9 海福特牛

2）生产性能：犊牛初生重，公犊为 34 kg，母犊为 32 kg；12 月龄体重达 400 kg，平均日增重 1 kg 以上。出生后 400 天屠宰时，屠宰率为 60%～65%，净肉率达 57%。肉质细嫩，味道鲜美，肌纤维间沉积脂肪丰富，肉呈大理石状。海福特牛具有体质强壮、较耐粗饲、适于放牧饲养、产肉率高等特点，在我国饲养的效果也很好。哺乳期日增重，公犊为 0.57 kg，母犊为 0.89 kg；7～12 月龄日增重，公牛为 0.98 kg，母牛为 0.85 kg。用海福特牛改良本地黄牛，也取得初步成效。

（6）皮埃蒙特牛：皮埃蒙特牛原产于意大利，为役用牛，经长期选育，现已成为生产性能优良的专门化品种。皮埃蒙特牛因其具有双肌肉基因，是目前国际公认的终端父本，已被世界上 20 多个国家引进，用于杂交改良。我国现有 10 余个省、市在推广应用（图2-10）。

1）品种特征：皮埃蒙特牛为肉乳兼用品种，被毛白晕色。公牛在性成熟时颈部、眼圈和四肢下部为黑色。母牛为全白，有的个别眼圈、耳郭四周为黑色。角型为平出微前弯，角尖黑色。体型较大，体躯呈圆筒状，肌肉高度发达。

2）品种性能：皮埃蒙特牛成年公、母牛体高分别平均为 143 cm、130 cm。肉用性能十分突出，其育肥平均日增重 1 500 g（1 360～1 657 g），生长速度为肉用品种之首。公牛屠宰适期为 550～600 kg 活重，一般在 15～18 月龄即可达到此值。母牛 14～

图 2-10　皮埃蒙特牛

15 月龄体重可达 400~450 kg。该品种作为肉用牛种有较高的泌乳能力，改良黄牛其母性后代的泌乳能力有所提高。在组织三元杂交的改良体系时，皮埃蒙特牛改良母牛再作母系，对下轮的肉用杂交十分有利。

3）生产性能：该品种肉用性能好，早期增重快，0~4 月龄日增重为 1.3~1.5 kg，饲料利用率高，成本低，肉质好。周岁公牛体重 400~430 kg，12~15 月龄体重达 400~500 kg，每增重 1 kg 体重消耗精料 3.1~3.5 kg。该品种牛屠宰率达 72.8%，净肉率 66.2%，瘦肉率 84.1%，骨肉比 1∶7.35，眼肌面积达 98.3 cm^2。成年公牛平均体高 140 cm，体重 800 kg；成年母牛平均体高 130 cm，体重 500 kg。280 天泌乳量为 2 000~3 000 kg。

4）其他：该品种以冻精和胚胎方式于 1986 年引入我国。在南阳市移植少数胚胎，生育了最初几头纯种皮埃蒙特牛后，开始在全国推广杂种一代牛，被证明平均能提高 10% 以上的屠宰率，而且肉质明显改进。河南省南阳市新野县利用皮埃蒙特牛杂交改良南阳牛，形成了"皮南"杂交组合，正在朝肉用品种的方向加强定向选育。

（7）德国黄牛：德国黄牛产于德国和奥地利，其中德国最多。德国黄牛最早是从役用、肥育性能方面进行选育，以后又集中选育产乳性能，最后育成了体重大、比较早熟的乳肉兼用牛。

在近半个世纪的纯繁工作中，特别注意后躯的改进，日增重达到了欧洲大型肉牛的良好水平，受到欧美一些国家的欢迎。我国重点育种场有引入，用于进行各地黄牛改良（图2-11）。

图2-11　德国黄牛

1）品种特征：德国黄牛是一种与西门塔尔牛血缘非常接近的品种，体型外貌与西门塔尔牛酷似，唯毛色为棕色，从黄棕到红棕色，眼圈的毛色较浅。体躯长，体格大，胸深，背直，四肢短而有力，肌肉强健。母牛乳房大，附着结实。成年牛体重1 000~1 300 kg，母牛650~800 kg。

2）生产性能：德国黄牛属肉乳兼用牛，其生产性能略低于西门塔尔牛。出生重40.8 kg，断奶重213 kg，平均日增重985 g。胴重336 kg时，眼肌面积91.8 cm^2。屠宰率63%，净肉率56%。泌乳期产奶量4 650 kg，乳脂率4.15%。去势小牛肥育到18月龄体重达600~700 kg，增重速度快。

（8）金黄阿奎登牛：金黄阿奎登牛原产于法国南部的山地和丘陵地带，被认定为国际优质肉牛品种，现分布于世界30个国家，属肉乳兼用型品种。金黄阿奎登牛既能作为纯种肉牛品种，用来生产提供优质牛肉的小牛，也能与其他品种的牛进行杂交，如在英国、爱尔兰、德国、匈牙利、波兰等国就用金黄阿奎登牛与当地的奶牛或役用牛进行杂交，或与南美瘤牛进行杂交。

河南省纯种肉牛繁育中心引进的金黄阿奎登种公牛，与当地母牛杂交，初生犊牛体重为 35~40 kg，优良特性表现突出（图 2-12）。

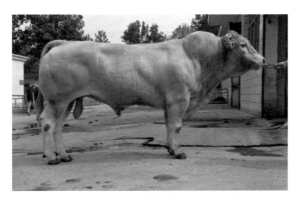

图 2-12　金黄阿奎登牛

2）品种特征：毛色为金黄色（从公牛体重浅麦色到深麦色），眼睛和口鼻周围有浅色圆圈。体躯长、肉厚、骨架轻而匀称，大腿处的肉特别厚。母牛骨盆宽，利于产犊，且遗传性能稳定。公母牛体躯分别达到欧洲标准最高等级的 E 级和 U 级。成牛体重为 1 300~1 600 kg，母牛体重为 850~1 200 kg，属最大型的肉牛品种之一。公母牛屠宰净肉率均在 60% 以上，瘦肉率高，肉质好，背膘厚仅为 0.87 mm，相当于夏洛来牛的 1/3，大腿处和上腰部的肌肉量远高于其他品种。

3）生产性能：母牛初产年龄为 24 月龄，繁殖年限最高可达 15 年以上。初生公犊重平均约为 47 kg，母犊平均约为 44 kg，难产率极低。犊牛身体长而平，骨骼较轻，肩部、骨盆和大腿在出生后 3~4 周开始发育。世界各地，金黄阿奎登牛都以其极高的饲料转化率、生长发育速度和极强的环境适应能力而得到饲养者的喜爱。

（9）日本和牛：日本和牛肉多汁细嫩，风味独特，肉用价值极高。和牛是日本从1956年起改良牛中最成功的品种之一，是从雷天号西门塔尔种公牛的改良后裔中选育而成的，是全世界公认的最优秀的优良肉用牛品种（图2-13、图2-14）。

图2-13　日本和牛肉

图2-14　日本和牛

1）品种特征：日本和牛以黑色为主毛色，在乳房和腹壁有白斑。成年母牛体重约 620 kg、公牛约 950 kg，犊牛经 27 月龄育肥，体重达 700 kg 以上，平均日增重 1.2 kg 以上。日本和牛是当今世界公认的品质最优秀的良种肉牛，其肉大理石花纹明显，又称"雪花肉"。由于日本和牛的肉多汁细嫩、肌肉脂肪中饱和脂肪酸含量很低，风味独特，肉用价值极高，在日本被视为"国宝"，在西欧市场也极其昂贵。日本和牛是日本十分珍贵的优质肉牛品种资源，特点是生长快、成熟早、肉质好。第七、八肋间眼肌面积达 52 cm^2。

2）生产性能：一般说来，日本和牛一生能产 15~16 胎，但是为了保证母牛和犊牛的健康，一般产到 10 胎左右就停止配种，母牛健康状况好的，也有产 13~14 胎的。

2. 主要地方品种 地方牛指的是原产于我国，除水牛、牦牛以外的驯养牛。我国地方牛毛色以黄褐色为主，传统总称中国黄牛。中国黄牛大约有 25 种，排在前五名的有秦川牛、南阳牛、鲁西牛、延边牛和晋南牛，合称为中国五大良种黄牛。

（1）秦川牛：秦川牛是我国著名优良黄牛品种之一，居全国五大良种黄牛之首。因产于"八百里秦川"的陕西省关中地区而得名。1985 年在北京建国饭店，国际厨师对国内外五大名牛进行多种烹调和品尝，陕西的秦川牛以肉质鲜美名列前茅。从此秦川牛被誉为中国的瑰宝（图 2-15）。秦川牛是中国著名的大型役肉兼用品种牛，毛色以紫红色和红色居多，约占总数的80%，黄色较少。

1）外貌特征：秦川牛体格高大，骨骼粗壮，肌肉丰满，体质强健，头部方正，肩长而斜，胸宽深，肋长而开张，背腰平宽广，长短适中，结合良好，荐骨隆起，后躯发育稍差，四肢粗壮结实，两前肢相距较宽，有外弧现象，蹄叉紧。公牛头较大，颈粗短，垂皮发达，鬐甲高而宽，母牛头清秀，颈厚薄适中，鬐甲较低而薄，角短而钝，多向外下方或向后稍微弯曲，毛色有紫红

图 2-15　秦川牛

色、红色、黄色三种，以紫红色和红色居多。

2）品种性能：在良好的饲养条件下，6 月龄公犊达 250 kg，母犊 210 kg。日增重可达 1 400 g。该牛作为专门化大型肉用牛，产肉性能好，屠宰率一般为 60%～70%，胴体瘦肉率为 80%～85%。16 月龄的育肥母牛胴体重达 418 kg，屠宰率 66.3%。母牛泌乳量较高，一个泌乳期可产奶 2 000 kg，乳脂率为 4.0%～4.7%，但该牛纯种繁殖时难产率较高（13.7%），与夏洛来牛接近。

（2）南阳黄牛：南阳黄牛原产于南阳盆地，是全国五大优良黄牛品种之一。南阳黄牛是我国著名的优良地方黄牛品种，主要分布于河南省南阳市唐河、白河流域的广大平原地区，以南阳市郊区以及唐河、邓州、新野、镇平、社旗、方城等八个县（市）为主要产区。除南阳盆地几个平原地区的县（市）外，周口、许昌、驻马店、漯河等地区分布也较多。河南省约有南阳黄牛 200 多万头。1998 年南阳黄牛被国家农业部首批列入《国家级畜禽遗传资源保护名录》，2002 年又通过国家质量技术监督总局原产地标记域名注册（图 2-16）。

1）外貌特征：南阳黄牛属大型役肉兼用品种。体格高大，肌肉发达，结构紧凑，皮薄毛细，行动迅速，鼻颈宽，口大方正，肩部宽厚，胸骨突出，肋间紧密，背腰平直，荐尾略高，尾

图2-16 南阳黄牛

巴较细。四肢端正，筋腱明显，蹄质坚实。牛头部雄壮方正，额微凹，颈短厚稍呈方形，颈侧多有皱襞，肩峰隆起8～9 cm，肩胛斜长，前躯比较发达。母牛头清秀，较窄长，颈薄呈水平状，长短适中，一般中后躯发育较好。

　　南阳黄牛的毛色有黄、红、草白三种，以深浅不等的黄色为最多，占80%。红色、草白色较少。一般牛的面部、腹下和四肢下部毛色较浅，鼻颈多为肉红色，其中部分带有黑点，鼻黏膜多数为浅红色。蹄壳以黄蜡色、琥珀色带血筋者为多。公牛角基较粗，以萝卜头角和扁担角为主；母牛角较细、短，多为细角、扒角、疙瘩角。公牛最大体重可达1 000 kg以上，中等膘情公牛屠宰平均为52.2%，净肉率43.6%。

　　2）品种性能：南阳黄牛公母牛都善走，挽车与耕作迅速，有快牛之称，役用能力强。

　　（3）鲁西牛：鲁西牛亦称"山东牛"，是中国黄牛的优良地方品种，原产于山东省西南部的菏泽和济宁两地区，以优质育肥性能著称。鲁西牛性情温驯，体躯结构匀称，细致紧凑，毛色多黄褐、赤褐，前躯发达，垂皮大，肌肉丰满，四肢开阔，蹄圆质坚（图2-17）。

　　1）外貌特征：被毛淡黄或棕红色，眼圈、口轮、腹下与四

图2-17　鲁西牛

肢内侧为粉色。毛细、皮薄有弹性，角多为"龙门角"或"八字角"。鲁西牛体躯结构匀称，细致紧凑，具有较好的役肉兼用体型。公牛肩峰高而宽厚，胸深而宽。关节干燥，筋腱明显，前肢多呈正肢势，或少有外向，后肢弯曲度小，飞节间距离小，蹄质致密但硬度较差，不适于山地使役。被毛从浅黄到棕红色均有，而以黄色为最多，占70%以上。多数牛有完全或不完全的"三粉"特征（指眼圈、口轮、腹下与四肢内侧色淡），鼻镜与皮肤多为淡肉红色，部分牛鼻镜有黑点或黑斑。

2）品种性能：鲁西牛性情温驯，易管理，便于发挥最大的役用性能。鲁西牛产肉性能良好。皮薄骨细，产肉率较高，肌纤维细，脂肪分布均匀，呈明显的大理石状花纹。

（4）延边牛：延边牛是东北地区优良地方牛种之一。延边牛产于东北三省东部的狭长地区，分布于吉林省延边朝鲜族自治州的延吉、和龙、汪清、珲春及毗邻各县，黑龙江省的宁安、海林、东宁、林口、汤原、桦南、桦川、依兰、勃利、五常、尚志、延寿、通河，辽宁省宽甸县及沿鸭江一带。延边牛是朝鲜与本地牛长期杂交的结果，也与蒙古牛有亲缘关系（图2-18）。

1）外貌特征：延边牛属役肉兼用品种。体质结实，抗寒性能良好，耐寒、耐粗饲、耐劳、抗病力强，适应水田作业。性情温驯，持久力强，能拉车、耕地、驮运等，不仅适用于水旱田耕

图 2-18 延边牛

作，并善走山路和在倾斜地带工作。在-26 ℃时牛只明显不安，但保持正常食欲和反刍，是我国宝贵的抗寒品种之一。

2）品种性能：延边牛自 18 月龄育肥 6 个月，日增重为 813 g，胴体重 265.8 kg，屠宰率 57.7%，净肉率 47.23%，肉质柔嫩多汁，鲜美适口，大理石纹明显。母牛初情期为 8~9 月龄，性成熟期平均为 13 月龄；公牛平均为 14 月龄。母牛常规初配时间为 20~24 月龄。

（5）晋南牛：晋南牛产于山西省西南部汾河下游的晋南盆地。晋南盆地位于汾河下游，傍山地带泉水丰富，气候温和，具有温暖带大陆性半湿润季风气候特征。晋南牛分布于运城地区的万荣、河津、临猗、永济、运城、夏县、闻喜、芮城、新绛，以及临汾地区的侯马、曲沃、襄汾等县（市），其中河津、万荣为晋南牛种源保护区（图 2-19）。

1）品种特征：晋南牛属大型役肉兼用品种。体躯高大结实，具有役用牛体型外貌特征。公牛头中等长，额宽，顺风角，颈较粗而短，垂皮比较发达，前胸宽阔，肩峰不明显，臀端较窄，蹄大而圆，质地致密；母牛头部清秀，乳房发育较差，乳头较细小。毛色以枣红为主，鼻镜粉红色，蹄趾亦多呈粉红色。民间总结了晋黄牛基本特征，"狮子头，老虎嘴，兔子眼，顺风角，木

图 2-19　晋南牛

碗蹄，前肢如立柱，后肢如弯弓"。

2）品种性能：晋南牛公牛体重 607.4 kg，体高 138.7 cm，体长157.4 cm，胸围 206.3 cm；母牛体重 339.4 kg，体高 117.4 cm，体长 135.20 cm，胸围 164.66 cm，管围 15.60 cm；阉牛体重 453.9 kg，体高 130.80 cm，体长 146.40 cm，胸围 182.9 cm。晋南牛肌肉丰满、肉质细嫩，成年牛在一般育肥条件下日增重可达851 g，成年公牛体重 700 kg 以上，母牛 400 kg 以上。在营养丰富的条件下，12~24 月龄公牛日增重 1.0 kg，母牛日增重 0.8 kg。24 月龄公牛屠宰率 55%~60%，净肉率 45%~50%。

（6）郏县红牛：郏县红牛原产于河南省郏县，是我国著名的役肉兼用型地方优良黄牛品种，其毛色多呈红色，故而得名。该牛主产于郏县、宝丰、鲁山三县，分布于毗邻的十余个县（市、区）。郏县红牛具有体质结实，结构匀称，肌肉丰满，耐粗饲，适应性强，肉质细嫩，遗传性稳定等特点，是发展肉牛产业和培育优良肉牛品种不可多得的宝贵资源。1983 年被列入《河南省地方优良畜禽品种志》，2006 年被列入农业部《国家级畜禽遗传资源保护名录》，为了更好地保护品种资源，2007 年还成立了国家级的郏县红牛保种场（图 2-20）。

1）外貌特征：郏县红牛体格中等大小，结构匀称，体质强健，骨骼坚实，肌肉发达。后躯发育较好，侧观呈长方形，具有

图 2-20　郏县红牛

役肉兼用牛的体型，头方正，臀宽，嘴齐，眼大有神，耳大且灵敏，鼻孔大，鼻镜肉红色，角短质细，角型不一。公牛颈稍短，背腰平直，结合良好。母牛头部清秀，体型偏低，腹大而不下垂，膏甲较低且略薄，乳腺发育良好，肩长而斜。

2）品种性能：郏县红牛肉质细嫩，肉的大理石纹明显，色泽鲜红。在通常饲养管理条件下，母牛初情期为 8～10 月龄，初配年龄为 1.5～2 岁，使用年限一般至 10 岁左右，繁殖率为 70%～90%，产后第一次发情多在 2～3 个月后，三年可产两犊，犊牛初生重 20～28 kg。母牛配种不受季节限制，一般多在 2～8 月配种。公牛 12 个月龄性成熟，2 岁开始配种，一头公牛可负担 50～60 头母牛，最高可达 150 头母牛。

3. 其他品种

（1）夏南牛：2007 年 1 月 8 日在原产地河南省泌阳县通过国家畜禽遗传资源委员会牛专业委员会的评审。夏南牛是以法国夏洛来牛为父本，以南阳牛为母本，采用杂交创新、横交固定和自群繁育三个阶段、开放式育种方法培育而成的中国第一个具有自主知识产权的肉用牛品种。夏南牛含夏洛来牛血统 37.5%，含南阳牛血统 62.5%。夏南牛毛色纯正，以浅黄色、米黄色居多。公牛头方正，额平直，成年公牛额部有卷毛，母牛头清秀，额平稍长；公牛角呈锥状，水平向两侧延伸，母牛角细圆，致密光滑，多向前倾；体质健壮，抗逆性强，性情温顺，行动较慢；耐粗饲，食量大，采食速度快，耐寒冷，耐热性能稍差。公、母牛平均初生重 38 kg 和 37 kg；18 月龄公牛体重达 400 kg 以上，成年公牛体重可达 850 kg 以上；24 月龄母牛体重达 390 kg，成年母牛体重可达 600 kg 以上。

图 2-21　夏南牛

未经育肥的 18 月龄夏南公牛屠宰率为 60.13%，净肉率为 48.84%，眼肌面积 117.7 cm^2，高档牛肉率为 14.35%（2-21）。

（2）延边黄牛：延边黄牛属寒温带山区的役肉兼用品种，主产区吉林延边，是利木赞牛与延边黄牛经导入杂交选育的肉用品种，2008 年通过品种审定。体型外貌与延边牛接近，体躯呈长方形，结构匀称，生长速度快，牛肉品质好；性情温顺，耐寒，耐粗饲，抗病力强。体质结实，适应性强，胸部深宽，骨骼坚实，被毛长而密，皮厚而有弹力；公牛头方额宽，角基粗大，多向外后方伸展成一字形或倒八字角，颈厚而隆起，肌肉发达；母牛头大小适中，角细而长，多为龙门角；毛色多呈浓淡不同的黄色，鼻镜一般呈淡褐色（图 2-22）。

图 2-22　延边黄牛

（3）辽育白牛：辽育白牛主产区为辽宁，是 2009 年通过品种审定的夏洛来牛与辽宁本地黄牛高代杂交选育的肉用品种，含夏洛来牛血统 93.75%、本地黄牛血统 6.25%。体型外貌与夏洛来牛接近，被毛白色或草白色；体型大，体躯呈长方形；性情温顺，耐粗饲，抗寒能力尤其突出，可抵抗 -30 ℃ 左右的低温环境；肌肉丰满，增重快，肉用性能好，6 月龄断奶后，持续育肥的平均日增重可达 1 300 g，300 kg 以上的架子牛育肥的平均日增重可达 1 500 g，宜肥育；肉质较细嫩，肌间脂肪含量适中，优质肉和高档肉切块率高（图 2-23）。

图 2-23　辽育白牛

（4）蜀宣花牛：蜀宣花牛原产地为四川宣汉地区，是以宣汉黄牛为母本、西门塔尔牛和荷斯坦牛为父本培育而成的乳肉兼用型新品种，2011 年通过品种审定。被毛为黄（红）白花，头部、尾梢、四肢为白色，体躯有花斑；体型中等，体躯深宽，颈肩结合良好，背腰平直，宽广，四肢端正，蹄质坚实，整体结构匀称，公牛略有肩峰。蜀宣花牛生长发育快、产奶和产肉性能较优、抗逆性强、耐湿热气候、耐粗饲、适应高温（低温）高湿的自然气候及农区较粗放条件饲养。成年公牛体重为 782.2 kg，成年母牛体重为 522.1 kg；牛群平均胎次产奶量为 4 495.4 kg；牛乳品质优良，干物质含量为 13.1%；乳脂肪为 4.2%，乳蛋白为 3.2%；在一般饲养水平条件下，公牛 18 月龄育肥体重平均达 509.1 kg，育肥期平均日增重可达 1.27 kg，屠宰率为 58.1%，净肉率为 48.2%；母牛平均产犊间隔 380.9 天，群体受胎率85%以上（图 2-24）。

图 2-24　蜀宣花牛

　　（5）草原红牛：草原红牛是吉林、河北、内蒙古引进短角牛改良当地黄牛形成的肉牛品种。育种核心群主要分布在吉林省通榆县三家子种牛繁殖场。头清秀，颈肩结合良好，胸宽深，背腰平直，后躯欠发达。四肢端正，蹄质结实。乳房发育良好。

图 2-25　草原红牛

毛色以紫红色为主，红色为次，其余有沙毛，少数个体胸、腹、乳房部为白色。尾帚有白色。在放牧加补饲的条件下，平均产奶量为 1 800~2 000 kg。公牛经短期育肥，屠宰率可达 53.8%，净肉率达 45.2%（图 2-25）。

（6）三河牛：三河牛是我国培育的乳肉兼用品种，产于额尔古纳市三河地区。三河牛品种盛多，分别与西门塔尔牛、西伯利亚牛、瑞典牛、俄罗斯牛、塔吉尔牛等杂交、横交固定和选育提高而形成。内蒙古自治区人民政府 1986 年正式验收命名为"内蒙古三河牛"。三河牛体格高大结实，四肢强健，蹄质坚实。毛色为红（黄）白花，花片分明，头白色，额部有白斑，四肢膝关节下部、腹部下方及尾尖为白色。耐粗饲，耐寒，抗病力强，适合放牧。从断奶到 18 月龄平均日增重 500 g（图 2-26）。

图 2-26　三河牛

二、肉牛良种选育

选种就是我们通常说的选优去劣。在生产实践中我们把优良的、符合人们需要的个体留下来作为种用，把不好的、较差的个体从畜群中淘汰出来或留下来进一步改良，这种方法叫作选种。长期的养牛实践证明，好牛配好牛得到好牛，好牛配劣牛可以改良劣牛。

（一）选种与选配

（1）良种的选择：牛品种的好坏直接影响养牛场和养牛专

业户的经济效益，因此品种是至关重要的。准确地选择计划饲养的品种，首先要考察优种，尤其是购入新牛品种的适应性，这关系到该种经济性能在一定的条件下能不能正常发挥。如在某些山区或丘陵区黑色的牛容易受蚊蝇叮咬，而不宜饲养。在风沙大的地区带眼圈毛色的牛具有抗风沙、眼睛受害少等特性，受到人们喜爱。在实践中对牛的选择多从体型外貌开始，拟做种畜最重要的是根据其育种值，按照能反映经济性状的遗传能力的数据来进行肉牛挑选工作，若发现体型外貌上的缺陷，要及时淘汰，淘汰牛作育肥而不予留种。只将健康、体格强壮、活力强、体型好的牛，作为选留对象，然后进行育种值对比，排列出最佳的公牛。

肉用种牛要按上述进行预挑选，比较常用的经济性状有以下几个：①出生重，不要求太大，这样利于顺产，对繁殖母牛也比较有利。但很多养殖户还是喜欢出生犊牛个体体重大的，如果过于追求出生重的话，实际生产中难产和繁殖疾病的比例可能会增加。②生长速度，这是衡量一头牛主要经济性状的指标，直接关系着养殖户的经济效益。③屠宰率，中等育肥水平的屠宰率达60%，强度育肥水平可达 65%~70%。当前屠宰场多数是按照牛只的屠宰率和精肉率来定价格，所以这一指标也是影响经济效益的主要指标。④饲料报酬，目前已成为发达国家考核的必要指标。用同代公牛或同龄牛指标对比计算。

（2）选配：通俗地讲就是"好上加好，强强联手"，以优配优是在选择最佳公、母牛以后进行扩繁的原则，"好的配好的，产好的"也叫同质选配，其目的是提高后代"好"的基因的纯合程度。用亲缘关系很近的个体间进行交配，称作近交，近交有时会引起生活力的下降，所以在现代肉牛繁殖中已很少使用。

在选配中用不同性状各具优势的个体间进行交配，称作异质选配，如选生长速度快的公牛与胴体品质好的母牛进行交配，期望得到生长快且胴体质量好的后代。

同质选配是为了强化某个优秀性状，而异质选配是为了组合几个优秀性状。两者的目的都是强化人们所需要的优良经济性状。在实践中，这两者往往不能截然分开，因为人们所需要的经济性状比较多，如要求长得快、屠宰率高、肉质好、繁殖性能好、泌乳能力强，而且无难产等缺点。当公牛具备前三项优势、母牛具备后三项优势时，选配的中间两项属于同质选配，第一项和第四项属于异质选配。应用这个原则逐代地强化相同的优良性状，改进一些不够好的性状，一个品种就能顺着人们所要求的方向进行繁育，培育出越来越合乎经济发展需要的品种来。

在选配过程中，种公牛的性能应当优于母牛，因为种公牛的各项生产性能的遗传力都要高于母牛，而且公牛的优劣影响到的数量要比母牛优劣影响的数量多得多，即"母好好一窝，公好好一坡"。所以同一性状的改进通常要靠种公牛。

随着近几年全国畜牧总站逐步开展的肉牛生产性能测定工作，常用品种种公牛的生产性能信息都有统一的测定标准、计算方法和最终的成绩记录，通过人工授精技术开展繁殖工作的肉牛场在选择冷冻精液时可以参考种公牛信息中的中国肉牛选择指数（CBI）或者是种公牛的其他信息了解该种牛的主要优点，以利于选种选配。此外，这些年养殖场也开始接受并使用国外种公牛的冷冻精液产品，在这些种公牛信息里面也包含有后代繁殖力、长寿性、产肉性等经济效益的育种值参数，可以进行对比参考，有目的性地选配。

（二）牛的杂交与杂交改良

（1）牛杂交的原理和优点：杂交是两个或两个以上品种（品系）的公牛和母牛相互交配，其目的是利用杂交优势，提高生产性能。在养牛生产中为加大本地牛的体型，提高其乳、肉生产能力，常引用外来优良品种公牛与本地牛杂交，以获得体型好、生产性能高又能适应当地环境条件的后代。

杂交后代具有杂种优势。所谓杂种优势，就是无亲缘关系的两个品种间的杂交，所产生的杂交一代，它们的生活力、生长势和生产性能等性状表现往往优于双亲的平均数。

杂交除品种间杂交外，还有种间杂交，即不同种的公牛母牛的交配繁殖。这种杂交也称为异种间杂交，它们的后代称为远缘杂种。例如，用瘤牛与欧洲牛杂交而育成的耐热、抗焦虫病、高产品种就属种间杂交。我国西藏等地用公黄牛与母牦牛杂交也属于种间杂交，其杂交一代称为犏牛，它们的体型、体重均比母本高，利用年限长，但公犏牛无生育能力，故杂种公母牛之间不能自群繁殖。

（2）牛杂交的常用方法：

1）级进杂交：级进杂交是用优良的高产品种改良低产品种最常用的一种方法，即利用引入品种公牛与本地母牛进行交配，这样一代一代配下去，直到获得所需要的性能时为止，然后就在杂种间选出优良的公牛与母牛进行自群繁殖。例如，本地黄牛拟向乳用方向改良，可引用荷斯坦公牛进行级进杂交。利用荷斯坦改良本地黄牛，杂交一代年产乳量 2 000 ~ 2 500 kg，杂交二代年产乳量 3 000 ~ 3 500 kg，杂交三代年产乳量为 4 500 ~ 5 500 kg。一般级进到第三代，含本地牛血统 12.5% 时为止。

2）育成杂交：育成杂交是用 2 ~ 3 个或更多的品种杂交来培育新品种的一种方法。具体做法是用两个或两个以上品种牛进行杂交，使它们的优秀性能结合在后代身上，产生原来品种所没有的优秀品质。当达到育种目标要求时，便选择其中的公牛与母牛进行自群繁殖。

3）导入杂交：当一个品种的性能基本满足要求，但只有个别性状仍存在缺点，这种缺点用本品种选育法又不易得到纠正时，就可选择一个理想品种的公牛与需要改良某个缺点的一群母牛交配，以纠正其缺点，使牛群趋于理想。这种杂交方法称为导入杂交或改良杂交。

4）轮回杂交：轮回杂交是两个品种或三个品种种公母牛之间不断地轮流杂交，使逐代都能保持一定的杂种优势。

5）终端公牛杂交体系：终端公牛杂交体系就是用 B 品种公牛与 A 品种母牛配种，将杂种一代母牛再用第三品种 C 公牛配种，所生杂交二代，不论公母全部育肥出售，不再进一步杂交。

6）经济杂交：为了获得具有高度经济利用价值的杂交后代，以增加商品牛数量和降低成本、满足市场需要为目的的杂交称为经济杂交，包括两个或两个以上不同品种之间杂交、轮回杂交等多种方法。

（3）杂交方法在我国养牛业上的应用与改良实践：杂交方法在我国养牛业上应用的主要成果体现在以下几个方面：①通过引进国外荷斯坦奶牛，改良我国的地方牛种，并经不断选育，或通过引进与适应性纯繁，培育出了中国荷斯坦牛；②引进欧洲的优良肉牛品种，杂交改良我国的地方黄牛品种，培育我国的新型肉用牛种或兼用品种，如前面提到的夏南牛就是引入法国夏洛来牛改良的一个肉牛品种；③引进印度与巴基斯坦的乳用型水牛，杂交改良我国南方水牛，培育我国的乳用兼用型水牛新品种；④利用我国固有的具有良好肉牛特性的优良黄牛品种，改良其他黄牛品种，提高我国黄牛的肉牛能力。

三、架子牛引进与选择

（一）架子牛的概念及育肥原理

架子牛育肥也称后期集中肥育，多数是幼牛在恶劣的环境条件下或日粮营养水平较低的情况下，生长速度下降，骨骼、内脏和部分肌肉优先发育，搭成骨架，俗称架子牛。该阶段牛只体重在 300 kg 左右，牛只骨骼和内脏基本发育成熟，肌肉脂肪组织尚未充分发育但还有较大发展潜力，采用强度肥育方式，集中肥育3~4个月，充分利用牛的补偿生长能力，达到理想体重和膘情后屠宰。这种肥育方式成本低，精料用量少，经济效益较高，应用较广。

架子牛育肥主要是利用了牛只生长过程中的补偿生长原理和生长阶段的发育不平衡性。幼牛在生长发育的某个阶段，如果营养不足而增重下降，当在后期某个阶段恢复良好营养条件时，其生长速度就会比一般牛快，这种特性叫作牛的补偿生长。牛在补偿生长期间，饲料的采食量和利用率都会提高。因此生产上对前期发育不足的幼牛常利用牛的补偿生长特性在后期加强营养水平。架子牛肥育很大程度上就是利用牛的这一生理特性。但在胚胎期和出生后3个月龄以内的牛如生长严重受阻，以及长期营养不良，都不能得到完全的补偿，即使在快速生长期（3~9月龄）生长受阻有时也是很难进行补偿生长的。

发育不平衡性是指牛在不同的生长阶段，不同的组织器官生长发育速度不同。某一阶段这一组织的发育快，下一阶段另一器官的生长快。牛体重增长的不平衡性表现在12月龄以前的生长速度很快。在此期间从出生到6月龄的生长强度要远大于从6月龄到12月龄。12月龄以后，牛的生长明显减慢，接近成熟时的生长速度则很慢。另外，随着年龄的增长，牛的肌肉生长速度从快到慢，脂肪组织的生长速度由慢到快，骨骼的生长速度则较平稳。具体来说每个时期的生长特点为：早期的重点是头、四肢和骨骼，在幼龄时四肢骨骼生长较快，以后则躯干骨骼生长较快；中期则转为体长和肌肉；后期时重点是脂肪。了解这些发育不平衡的规律，就可以在生产中根据目的的不同利用最快的生长阶段，实现生产效率和经济效益的多快好省。

（二）架子牛的选择

架子牛的优劣直接决定着肥育效果与效益。可以选夏洛来、西门塔尔等国际优良品种与本地黄牛的杂交后代，年龄在1~3

岁，体型大、皮松软，膘情较好，体重在 300 kg 以上健康无病的。大致可以从以下几方面考虑：

1. 品种 应选择优良的肉牛品种及其与本地黄牛的杂交后代。目前我国饲养的肉牛品种主要有夏洛来、西门塔尔、海福特、利木赞、皮尔蒙特、草原红牛，其次选购荷斯坦公牛或荷斯坦牛与本地牛的杂交后代等。这样的牛肉质好、生长快、饲料报酬高。当然随着这些年荷斯坦牛饲养数量的剧增，荷斯坦公犊也逐渐成为育肥牛的来源之一，也有好多企业和养殖户，尝试着荷斯坦公牛的育肥。

2. 性别 选购未去势的公牛，公牛的生长速度和饲料利用率均高于阉牛。实践证明，未去势的公牛的日增重比阉牛提高 13.5%，且肉质好于阉牛。因此，选购架子牛时应尽量选未去势的公牛，以提高育肥效果，不宜选择母牛。

3. 年龄 年龄直接影响着育肥牛的增重速度、增重效率、育肥期长短、饲料消耗量和牛肉质量。一般情况下，肉牛在第一年生长最快，尤其是 6~9 月龄期间，日增重最高，第二年次之，年龄越接近成熟则生长速度越慢，年龄越大，饲料报酬越低。常用的年龄选择方案：①短期育肥出售为目的，计划育肥 3~6 个月，应选择 12~15 月龄的育成牛或成年牛，不宜选购犊牛、生长牛。②在秋天收购架子牛育肥，第二年出栏，应选 6~8 月龄的牛，不宜选购大龄牛，因为大龄牛冬季维持饲料量多，不经济。③利用大量粗饲料育肥，应选购 1 岁左右的牛。

4. 膘情及体重 膘情好，可以获得品质优良的胴体；膘情差，育肥过程中脂肪沉积少，会降低胴体品质。特别瘦的牛由于采食和消化能力差，或因某些疾病所致，这样的牛不易育肥。体重指标必须考虑育肥期长短，并且还要与当前市场价格挂钩。体重越大、年龄越小说明牛早期的生长速度快，育肥潜力大。育肥结束要达到出栏时的体重要求，一般要选择 1.5 岁时体重达 350

kg 以上的架子牛。体重的测量方法可用地磅实测，也可用体尺估测（图2-27）。

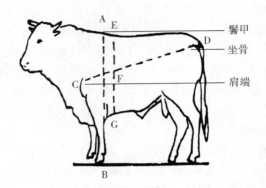

图 2-27　牛体尺测量部位示意图

体尺估测的公式为：

经育肥后的肉牛体重千克数 = 胸围米数^2×体斜长米数×87.5；

未经育肥的纯种肉牛和三代以上改良种肉牛体重千克数 = 胸围米数^2×体斜长米数÷10 800；

三代以下的杂交改良肉牛体重千克数 = 胸围米数^2×体斜长米数÷11 420。

5. 体型　选择的育肥牛要符合肉用牛的一般体型外貌特征。要求体格大，腰身长，尻宽长而平，选中下等膘情，各部位发育匀称的牛。应避免选择有如下缺点的肉用牛：头粗而平，颈细长，胸窄，前胸松弛，背线凹，斜尻，后腿不丰满，中腹下垂，后腹上收，四肢弯曲无力，"O"形腿和"X"形腿，站立不正等（图2-28）。

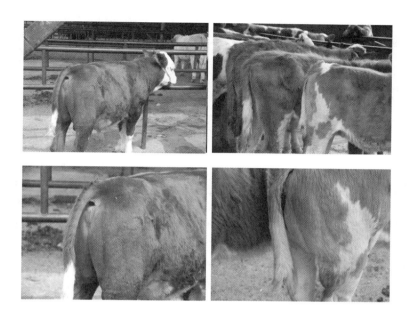

图 2-28　后躯体型选择

6. 健康度　通过检查口腔和观察牛的采食、排便、反刍等，选择精神饱满、体质健壮，鼻镜湿润、反刍正常、双目圆大、明亮有神，双耳竖立、活动灵敏，被毛整齐有光泽，皮肤弹性好、无破损，营养与精神状态良好的牛只。无精神萎靡、被毛杂乱、毛色发黄、步态蹒跚、喜欢独蹲墙角或卧地不起、发热、咳嗽、腹泻等临床发病症状。让牛走一走，看牛站立和走路的姿势，检查蹄底，如果牛表现出负重不均、肢蹄疼痛、肢端怕着地、抬腿困难，或蹄匣不完整，则可能该牛有腿部疾病，要谨慎选购。特别对于拴系饲养，牛舍地面较硬时，肢蹄疾病常会导致育肥牛中途淘汰（图 2-29）。

图 2-29　口腔检查和被毛选择

（三）架子牛调运及管理

架子牛育肥大部分牛源属于外调，运输必不可少，此环节是影响育肥牛生长发育十分重要的因素。在架子牛的运输过程中造成的外伤易医治，而造成的内伤不易被发觉，常常贻误治疗，造成直接经济损失。调运牛只平均发病率为 73.2%，死淘率为 14.2%。

推荐直接从产地购牛和就近购牛。选择管理好的牛市和诚信口碑好、业务水平高的牛经济。了解选购地的气温、饲草料种类质量等环境条件，尽量使牛只购入后的饲养管理与产地一致。购牛前，应调查拟购地区的疫病发生情况，查验免疫记录，有当地兽医部门出具的防疫证明，牛结核病、布氏杆菌病等检疫合格，确保处于口蹄疫等疫苗的免疫保护期内。应按国家规定对拟购牛申请检疫，检疫应符合 GB 16567 种畜禽调运检疫技术规范。目前牛只流动比较广泛，疫病的检疫一定要重视，一旦发生传染性疾病，不但购入的牛只保不住，而且整个牛舍及牛只都要被污染（图 2-30）。

1. 运前暂养　暂养 3~5 天，新购牛合群，观察健康状况，确保牛只健康。装运前暂养阶段调整饲料合理饲喂，进行抗运输应激与防病处理。在运输前 4~5 天，每千克日粮添加 5~10 mg 利血平；运输前 2~3 天开始，每头牛每日口服或注射维生素 A 25 万~100 万 IU；运前 6~8 h 停喂青贮、麸皮、鲜草等致轻泻性

图 2-30　吉林伊通营城子黄牛市场

饲料和饼类、豆科类易发酵饲料，少喂精料，半饱，不过量饮水，否则容易引起腹泻，排尿过多，污染车厢和车体。运前 2 h 口服补液盐溶液（氯化钠 3.5 g+氯化钾 1.5 g+碳酸氢钠 2.5 g+维生素 C 5 g+葡萄糖 20 g/L）2~3 L 和电解多维溶液。适当使用镇静药和长效抗生素（图 2-31）。

图 2-31　确定暂养地和入户挑选

2. 合理装载　装车时，用装卸台。应对牛按品种、年龄、体重、性别等进行编号分群，以便于运输及落地后饲养管理。切忌任何粗暴行为或鞭打牛只，否则会导致应激反应加重。装车后可不拴系，有角的牛只必须固定。合理装载，不超量；每头牛按体重大小应有的面积：300 kg 以下为 0.7~0.8 m²；300~350 kg 为 1.0~1.1 m²；400 kg 为 1.2 m²；500 kg 为 1.3~1.5 m²，不可太拥挤。按群驱赶。车厢内应每隔 2~3 m 用钢管形成小围栏，防止牛只大量挤压，对车厢也起到分段牢固作用（图 2-32）。

图 2-32　车厢隔离与装卸台

3. 备齐物品　架子牛在运输离场或出站之前，应当备齐各种证件（图 2-33）。

图 2-33　各种证件及进行车辆消毒

（1）出境证明：包括准运证和税收证据。

（2）兽医卫生健康证明：包括非疫区证明、防疫证和检疫证明。铁路运输时必须要有检疫证明，可由各级铁路兽医检疫站进行检疫出证。

（3）车辆消毒证件。

（4）自产证件：用于证明畜主产权。

以上各种证件，赶运时由赶运人员持证；汽车运输时由押运人员持证；火车运输时交车站货运处，以保证运输畅通，减少途中不必要的麻烦。发车前定人、定车、定路线，车辆消毒，铺垫软草秸秆，准备饲草、饮水工具、电棍、手电、铁锹、安全帽等（图2-34）。

图2-34 采购各种工具

4. 运输 牛只的运输，一般要根据运输距离的远近、交通运输条件便利与否、运输费用的高低、运输途中可能遭受损失程度的大小等具体情况，选择适宜的运输方式，有赶行、火车、汽车、轮船运输等方式。特长距离运输可选择火车和轮船运输，中长途多选择汽车运输。在交通运输条件不便、路途较近的情况下，多采用赶行运输方式。在赶行运输过程中，注意群体不要过大，按牛群驱赶，尽量不单独驱赶牛只。赶运途中绕道疫区赶行，不与当地畜群接触，尽量少走村庄街道，避免跨越深沟。定时、定点休息，结合补料补水。夏季应避开中午炎热时间，多在早晚进行（图2-35～图2-39）。

当今公路交通网络发达，多选择汽车运输。运输车辆尽量选用单层车而避免双层车。加装侧棚和顶棚，以避免风吹雨淋日晒。车辆护栏高度不低于1.4 m。车辆先用高压水枪冲洗干净，再用1%氢氧化钠溶液消毒，空置干燥12 h以上，之后车厢内铺一层15～20 cm沙土或干草20～30 cm，或垫草以防滑。准备好饲草、饮水工具、铁锹等。

图 2-35　集中挑选好的牛驱赶至装卸台

图 2-36　车厢铺设草帘子防滑

图 2-37　车厢铺设饮水管道（试验证明无须铺设，不可取）

图 2-38　先装二层

图 2-39　三五成群进行驱赶

架子牛在运输过程中，由于生活环境及规律的变化，导致生理活动的改变，造成运输应激反应。运输前饲喂过饱、饮水过多，运输时间过长，运输车辆（汽车优于火车），运输适宜温度（7~16 ℃，冬天优于夏天），司机人为因素，道路情况，牛只大小混载等都可形成运输应激。肉牛所受到的应激越大，损失也越大，掉重也越多。运输中的体重损失包括牛的排泄物和体组织的两部分损失，约各占一半。运输后体重的恢复所需平均时间，犊牛为13天，1岁牛为16天。运输过程中如过度拥挤、气温过高或过低、风、雨等都会引起减重增加（表2-1）。

表2-1　不同条件下的减重量

条件	减重
8 h 不饮不食	3.3%
16 h 不饮水	2.0%
16 h 不饮不食	6.2%
24 h 不饮不食	6.6%
8 h 卡车运输	5.5%
16 h 卡车运输	7.9%
24 h 卡车运输	8.9%

架子牛的调运以气温适宜的春季最佳，冬季调运要做好防寒工作，夏季气温高不宜调运，应早晚或夜间行车、白天休息，避免中午高温时运输。

装车当初每头牛用缰绳拴系于车架上，行车 20~30 km 之后，解下绳子。行车时速要慢，车速不超过 70 km/h，匀速，转弯和停车时均要先减速，不可急刹车。押车员运输中每隔 2~3 h 应检查一次牛群状况，将躺下的牛只及时赶起（拉拽、折尾、刺尾根、堵捂口鼻等方法）以防止被踩伤。如中途牛只发病，宜采取肌内注射方法用以消炎、解热、镇痛（图2-40、图2-41）。

图 2-40　车厢拥挤及车速不稳导致的牛只站位移位及牛肢体擦伤

图 2-41　路途中停靠检查牛只状态

5. 落地管理

（1）购牛前圈舍的准备：购牛前 1 周，应将牛舍粪便清除，用水清洗后，用 0.2%～0.5% 过氧乙酸溶液或 2%～3% 氢氧化钠溶液对牛舍地面、墙壁进行喷洒消毒，用 0.1% 的高锰酸钾溶液对器具进行消毒，最后再用清水清洗一次，确保牛槽无脏水、坏水、饲草及精料，尽量保证牛槽干燥清洁、无积水。如果是敞圈牛舍，冬季应扣塑膜暖棚，夏季应搭棚遮阴，通风良好，使其温度不低于 5 ℃。

（2）卸牛：运输车辆到达目的地后，用专用装卸牛台卸车，打开车门让牛自行慢慢下车，也可采用饲草诱导牛只下车。牛只进隔离舍后应尽快拴系，同时检查牛只在运输途中或下车时是否受伤，如果有流血不止的情况，肌内注射止血敏一盒再在伤口处撒一些青霉素粉消炎。人员应尽快撤退让牛只安静休息（图2-42~图2-44）。

（3）饮水：架子牛经过长距离、长时间运输，应激反应大，胃肠食物少，体内缺水，这时对牛只补水是第一位的工作，切忌让牛只暴饮，水中掺些麸皮效果更好；落地休息3 h后第一次饮水2~3 L，电解多维30 g/头，饮水的同时进行第一次免疫注射（黄芪多糖+头孢+安乃近肌内注射，或银黄注射液+头孢+板蓝根注射液肌内注射）。

落地后5 h自由饮水一次，适量饲喂少量青粗饲料，禁喂精料。

（4）饲草料过渡（换肚）：对新到架子牛，最好的粗饲料是优质长干草但不能喂优质苜蓿，其次是青贮玉米，而且要少喂勤添，避免引起消化问题。用青贮料时最好添加缓冲剂（碳酸氢钠），以中和酸性。前3天不建议喂精饲料，第二天饲料中可加少量麦麸，以减轻消化系统负担，并利于消化功能的恢复和肠道微生物区系的建立。3天后开始饲喂精料1 kg/天，青贮草按体重的2%喂，连喂7天。饲喂10天后青贮草增加到4%~5%，混合料增加到0.8%，饲喂到第30天应激期结束。

（5）驱虫：架子牛入栏后应立即进行驱虫。常用的驱虫药物有阿弗米丁、丙硫苯咪唑、敌百虫、左旋咪唑等。应在空腹时进行，以利于药物吸收。驱虫后，架子牛应隔离饲养2周，其粪便消毒后，进行无害化处理。

（6）健胃：驱虫3日后，为增加食欲，改善消化机能，应进行一次健胃。常用于健胃的药物是人工盐，其口服剂量为每头每次60~100 g，或扶正解毒散60 g/天喂1天，清瘟败毒散60 g/天喂5 d，维生素8 g/天喂6天，改善新进的牛胃肠功能紊乱。

（7）饲养管理：肥育架子牛应采用短缰拴系，限制活动。

饲喂要定时定量，先粗后精，少给勤添。刚入舍的牛只对新的饲料不适应，头一周应以干草为主，适当搭配青贮饲料，少给或不给精料。肥育前期，每日饲喂2次，饮水3次；后期日饲喂3～4次，饮水4次。每天上午、下午各刷拭一次。经常观察粪便、反刍情况、精神状态，如有异常应及时处理，若粪便无光泽，说明精料少，如便稀或有料粒，则精料太多或消化不良。达到市场要求体重及时出栏，一般活牛出栏体重为450～550 kg，产高档牛肉的为550～650 kg。要定期了解牛群的增重情况，随时淘汰处理病牛等不增重或增重慢的牛。在管理中，不要等到一大批牛全部育肥达标时再出栏，可将达标牛分批出栏，以加快牛群的周转，降低饲养成本。

图2-42　车辆入场

图2-43　先卸载一层牛只

图2-44　卸牛台铺设草帘子，准备好转群通道

第三部分 肉牛标准化规模养殖场的规划设计

一、肉牛场址选择与规划

肉牛场的选址规划直接关系到肉牛场日后运营管理的每个细节，影响着日后集约化生产的养殖规模和养殖效益。

（一）肉牛场选址的基本要求

随着国内环境污染的日益严峻，养殖业的环境保护工作越发重要，无论原有养殖场还是新建养殖场都要求尽快或投入使用前通过环境影响评价，以利于养殖业的可持续发展。综合《畜禽养殖业污染防治技术政策》（环发【2010】151号）、《畜禽养殖业污染防治技术规范》（HJ/T81-2001）等文件对养殖场选址的要求，简要罗列如下：

（1）根据当地城乡总体规划、环境保护规划和畜牧业发展规划，尽量做到种养结合，发展生态农业。

（2）避开禁养区和限养区，主要为生活饮用水水源保护区、风景名胜区、自然保护区的核心区及缓冲区以及城市和城镇居民区等。

（3）在禁建区域附近建设的，应设在禁建区域常年主导风向的下风向或侧风向处，场界与禁建区域边界的最小距离不得小于500 m。

（4）畜禽养殖业污染治理工程应与养殖场生产区、居民区等建筑保持一定的卫生防护距离，设置在畜禽养殖场的生产区、生活区主导风向的下风向或侧风向处。

（5）生产区必须实现雨污分离，污水道必须走暗道，污水必须经无害化处理后方可转运，牛舍区域清粪为干清粪，粪场必须做到防雨防漏防渗；所有污染治理工程联合作用需实现污染物零排放。

（二）肉牛场选址的注意事项

肉牛场选址还需注意选址的地势、土壤、常年风向、用水、用电、非传染病疫区等。

（1）场区应选在地势高燥，背风向阳，地下水位较低的地方；依照地势从高到低，依次建设生活区、生产区、生产辅助区、粪污处理区、无害化处理区；相对比较敏感的水源等必须在地势高处，隔离舍、粪污处理区及无害化处理区必须在地势低处。

（2）场区土壤以沙壤土最好，土质疏松，透水性好，利于运动场建设。

（3）场区常年风向应有利于牛舍冬季保暖，夏季通风凉爽，以减少建设和设备投入成本，另外隔离舍、粪污处理区及无害化处理区必须处于下风头。

（4）场区用水用电必须接入便利、水量电量稳定、使用安全。

（5）从防疫角度出发，选址需避开传染病疫区。

（三）肉牛场规划的基本要求

目前标准化规模肉牛场的规划必须达到疫病防控及特定疫病净化的要求，其对标准化场区的布局及场区各个细节都做了明确的要求。

（1）场区位置独立，与主要交通干道、生活区、屠宰场、交易市场有效隔离，场区周围有隔离带。

（2）生活区、生产区、生产辅助区、粪污处理区和无害化处理区完全分开且距离 50 m 以上。

（3）生产区有繁殖母牛舍、产房、育成牛舍、公牛舍、育肥牛舍、兽医室、配种室、实验室、隔离舍，分群分舍明确，各个牛舍间有通道相连，且各舍都有适合饲养规模的防疫通道。

（4）生产区净道与污道完全分开，有病死动物无害化处理设施。

（四）图例

以某一个肉牛场布局为例，其问题有：粪场在上风头（河南地区常见风向为东北风和西北风），与干草棚相邻；粪场和生产辅助区共用一个大门；净道与污道分离不彻底；生产区面积小，牛舍运动场不足。其突出合理处：生活区生产区分离好，天然隔离充分；兽医室及隔离室位置合理。

以某一个奶牛场布局为例，其问题有：与省道距离不足50 m，天然隔离不充分；兽医室位置不合理；沼气池粪场位置不合理。其突出合理处：粪场单独一个大门，净道污道分离明确；各个牛舍周转明确；生活区生产区分离好。

二、肉牛舍建设

标准化规模肉牛场生产区内需要有繁殖母牛舍、产房、育成牛舍、公牛舍、育肥牛舍、兽医室、配种室、实验室、隔离舍等，牛群周转在各舍间形成一个闭合环，另外必须有生产辅助区，生产辅助区内需要有青贮池、干草棚、消防水池、配料棚、精料库、机械库等。

肉牛舍一般分为开放式、半开放式和封闭式。开放式牛舍为棚舍，四周无墙无遮挡，有运动场、槽位、自动饮水池等，可见图 3-1；半开放式牛舍为房舍，但只在风向位有一面墙或遮挡物，同样有运动场、槽位、自动饮水池等，可见图 3-2；封闭式牛舍为房舍，四面都有墙体或遮挡，舍内可根据需要设置运动场、槽位、饮水池等，可见图 3-3。饲养方式有散养和栓系，散养可见图 3-4，栓系可见图 3-5。另外，连通防疫走道可见图 3-6。

图 3-1　开放式牛舍

图 3-2　半开放式牛舍

图 3-3　封闭式牛舍

图 3-4　散养

图 3-5　栓系

图 3-6　防疫走道

由于各地基建条件不同，以下仅论述各类牛舍的建设要求。

（一）繁殖母牛舍（图3-7）

图3-7　繁殖母牛舍

（1）繁殖母牛散养，开放式和半开放式均可。

（2）繁殖母牛舍配有运动场，每头母牛需要有 $4\sim6$ m^2 运动场。

（3）运动场内有自动饮水池和遮阳棚。

（4）有防疫走道，且走道上有保定位置便于配种。

（二）产房（图3-8）

（1）临产母牛提前20天进产房，可散养与栓系结合，产房需要配运动场，每头母牛需要有 $4\sim6$ m^2 运动场；产前散养，产后栓系。

（2）产房需要封闭式，配有临产栏位和母子栏位，每个栏位可以放两对母子（图3-9）；夏季可以通风降温，冬季可以封闭保暖。

图 3-8 产房

图 3-9 产栏

（3）条件允许可以实现犊牛补饲早期断奶，预留出犊牛补饲栏位（图 3-10）。

图 3-10 犊牛补饲栏位

（4）有防疫走道，且走道上有保定位置便于分群管理。

（三）育成牛舍 （图 3-11）

图 3-11 育成牛舍

（1）育成牛散养，开放式和半开放式均可。

（2）育成牛舍需要分育成公牛舍和育成母牛舍。

（3）育成牛舍需要配运动场，每头牛需要有 4~6 m² 运动场。

（4）有防疫走道，且走道上有保定位置便于分群管理。

（四）公牛舍 （图 3-12）

图 3-12 公牛舍

（1）公牛舍产房需要半开放式，配有带运动场的栏位，每个栏位可以放1~2头公牛；散养，并保证有相应的运动空间；一保证公牛运动量，二保证公牛可以相处不顶架。

（2）有防疫走道，且走道上有保定位置便于分群管理。

（五）育肥牛舍（图3-13）

图3-13　育肥牛舍

（1）育肥牛舍需要封闭式，采用拴系式饲喂，减少饲料消耗；夏季可以通风降温，冬季可以封闭保暖。

（2）有防疫走道，且走道上有保定位置便于分群管理。

（六）隔离舍

（1）隔离舍要与其他舍保持距离，采用封闭式拴系式饲喂；方便治疗与管理；夏季可以通风降温，冬季可以封闭保暖。

（2）有防疫走道，且走道上有保定位置便于分群管理。

三、肉牛养殖设备

规模肉牛场的养殖设备因各场资金条件不同区别很大，总体上可分为牛舍配套设备、饲料饲养配套设备、消毒防疫设备、环保设备、实验室仪器设备。

（一）牛舍配套设备

通风风机、喷淋、通道及防疫通道、自动刮粪机等。

（二）饲料饲养配套设备

青贮玉米收割机（图3-14）、铡草机、揉草机（图3-15）、青贮取料车、干草抓车、TMR、配合饲料混合机、牛群管理系统、割草机、打捆机、旋耕机、称重地磅等。

图3-14　青贮玉米收割机

图3-15　揉草机

（三）消毒防疫设备

消毒机、消毒走道设备等。

（四）环保设备

沼气池沼气处理设备、抽沼车、铲车、牛粪自动翻堆机等。

（五）实验室仪器设备

液氮罐、输精枪、水浴锅、显微镜、移液枪、离心机、离心管、采血器和冰箱等。

第四部分　肉牛的饲养标准与饲料加工

一、肉牛的饲养标准

（一）干物质采食量

1. 生长肥育牛干物质采食量　根据国内生长肥育牛的饲养试验总结资料，日粮能量浓度在 8. 37~10. 46 MJ/kgDM 的干物质进食量的参考计算公式为：

$$DMI = 0.062×LBW^{0.75} + （1.529+0.0037×LBW）×ADG$$

式中：DMI—干物质采食量，单位为 kg/d；

LBW—活重，单位为 kg；

ADG—平均日增重，单位为 kg/d。

2. 繁殖母牛干物质采食量

妊娠母牛的干物质采食量参考公式为：

$$DMI = 0.062×LBW^{0.75} + （0.790+0.05587×t）$$

式中：DMI—干物质采食量，单位为 kg/d；

LBW—活重，单位为 kg；

t—妊娠天数。

3. 哺乳母牛干物质采食量

干物质进食量参考公式为：$DMI = 0.062 × LBW^{0.75} + 0.45 × FCM$）

$$FCM = 0.4×M+15×MF$$

式中：DMI—干物质采食量，单位为 kg/d；

FCM—4%乳脂率标准乳，单位为 kg；

M—每日产奶量，单位为 kg/d；

MF—乳脂肪含量，单位为 kg。

（二）净能需要

饲料总能（GE）：单位千克饲料在测热议中完全氧化燃烧后所产生的热量，又称燃烧热，单位为 kJ/kg。

具体测算公式为：$GE = 239.3 \times CP + 397.5 \times EE + 200.4 \times CF + 168.6 \times NFE$

式中：

GE—饲料总能，单位为 kJ/kg；

CP—饲料中粗蛋白质含量，单位为%；

EE—饲料中粗脂肪含量，单位为%；

CF—饲料中粗纤维含量，单位为%；

NFE—饲料中无氮浸出物含量，单位为%。

1. 生长肥育牛净能需要

（1）维持净能需要量：

参考计算公式为：$NEm = 322 \times LBW^{0.75}$

式中：NEm—维持净能，单位为 kJ/d；

LBW—活重，单位为 kg；

（2）增重净能需要量：

肉牛的能力沉积（RE）就是增重净能，计算公式为：

$NEg = (2\,092 + 25.1 \times LBW \times ADG / (1 - 0.3 \times ADG)$

式中：NEg—增重净能，单位为 kJ/d；

LBW—活重，单位为 kg；

ADG—平均日增重，单位为 kg/d。

（3）综合净能需要量：

$NEmf = [322LBW^{0.75} + (2092 + 25.1 \times LBW) \times ADG / (1 - 0.3$

×ADG）〕 ×F

式中：NEmf—综合净能，单位为 kJ/d；

LBW—活重，单位为 kg；

ADG—平均日增重，单位为 kg/d。

F—综合净能校正系数，具体见表 4-1。

2. 生长母牛净能需要

（1）维持净能需要量：计算公式同生长肥育牛。

（2）增重净能需要量：生长母牛的增重净能按生长肥育牛增重净能的 110% 计算，具体公式为：

NEg = 110/100× 〔2 092+25.1×LBW×ADG/（1-0.3×ADG）〕

式中：LBW—活重，单位为 kg；

ADG—平均日增重，单位为 kg/d。

（3）综合净能需要量：计算公式同生长肥育牛。

3. 妊娠母牛净能需要

（1）维持净能需要量：计算公式同生长肥育牛。

（2）妊娠净能需要量：

NEc = Gw×（0.197 69×t-11.761 22）；

式中：NEc—妊娠净能需要量，单位为 MJ/d；

Gw—胎日增重，单位为 kg/d

LBW—活重，单位为 kg；

t—妊娠天数。

（3）综合净能需要量：

计算公式：NEmf =（NEm+NEc）×0.82

式中：NEmf—妊娠综合净能需要量，单位为 kJ/d；

NEm—维持净能需要量，单位为 kJ/d；

NEc—妊娠净能需要量，单位为 kJ/d。

4. 泌乳母牛净能需要

（1）泌乳维持净能需要量：计算公式同生长肥育牛。

（2）泌乳净能需要量：

计算公式为：

$$NEL = M \times 3.138 \times FCM$$

式中：NEL——泌乳净能需要量，单位为 kJ/d；

FCM——4%乳脂率标准乳，单位为 kg；

M——每日产奶量，单位为 kg/d。

（3）泌乳综合净能需要量：

计算公式为：泌乳母牛综合净能 =（维持净能 + 泌乳净能）×校正系数

（三）肉牛小肠可消化粗蛋白质需要量（IDCP）

肉牛小肠可消化粗蛋白质需要量等于用于维持、增重、妊娠、泌乳的小肠可消化蛋白质的总和。

1. 维持期小肠可消化粗蛋白质需要量（IDCPm）

计算公式为：$IDCPm = 3.69 \times LBW^{0.75}$

式中：IDCPm——维持小肠可消化粗蛋白质需要量，单位为 g/d；

LBW——活重，单位为 kg。

2. 增重期小肠可消化粗蛋白质需要量（IDCPg）

计算公式为：$NPg = ADG \times [268 - 7.026 \times (NEg/ADG)]$

当 LBW ≤ 330 时，$IDCPg = NPg/(0.834 - 0.000\ 9 \times LBW)$

当 LBW>330 时，$IDCPg = NPg/0.492$

式中：NPg——净蛋白质需要量，单位为 g/d；

ADG——平均日增重，单位为 kg/d；

NEg——增重净能，单位为 kJ/d；

LBW——活重，单位为 kg/d。

DCPg——增重小肠可消化粗蛋白质需要量，单位为 g/d；

0.492—小肠可消化粗蛋白质转化为增重净蛋白质的效率。

3. 妊娠期小肠可消化粗蛋白质需要量（IDCPc）

计算公式为：

$NPc = 6.25 \times CBW \times [0.001669 - (0.00000211 \times t)] \times e^{(0.0278 - 0.0000176 \times t) \times t}$

$IDCPc = NPc/0.65$

式中：NPc—妊娠小肠可消化粗蛋白质需要量，单位为 g/d；

t—妊娠天数；

CBW—犊牛出生重，单位为 kg。

4. 泌乳期小肠可消化粗蛋白质需要量（IDCPL）

计算公式为：$IDCPL = X/0.70$

式中：X—每日乳蛋白质产量，单位为 g/d。

（四）肉牛对矿物质元素需要量

1. 肉牛对钙和磷需要量（表4-2～表4-5）

2. 肉牛对钠和氯需要量 钠和氯一般用食盐补充，日粮含食盐 0.15%-0.25% 即可满足需要。

3. 肉牛对微量元素需要量（表4-6）

（五）肉牛对维生素需要量

1. 维生素 A 需要量

生长肥育牛为 2 200IU，相当于 5.5 mg β-胡萝卜素；

妊娠母牛为 2 800IU，相当于 7.0 mg β-胡萝卜素；

泌乳母牛为 3 900IU，相当于 9.75 mg β-胡萝卜素；

1 mg β-胡萝卜素相当于 400IU 维生素 A。

2. 维生素 D 需要量 肉牛维生素 D 需要量为 275IU/kg 干物质日粮。

3. 维生素 E 需要量 肉牛对维生素 E 适宜需要量为：犊牛为 15~60IU/kg 干物质；青年母牛产前 1 个月日粮添加维生素 E

协同硒制剂，有助减少繁殖疾病的发生，经产犊 4 胎的母牛的生长、繁殖和泌乳不受低维生素 E 的影响；生长肥育牛维生素需要量为 50~100IU/kg 干物质日粮。

表 4-1　不同体重和日增重的肉牛综合净能需要的校正系数

体重，kg	日增重，kg/d											
	0	0.3	0.4	0.5	0.6	0.7	0.8	0.9	1	1.1	1.2	1.3
150~200	0.850	0.960	0.965	0.970	0.975	0.978	0.988	1.000	1.020	1.040	0.060	0.080
225	0.864	0.974	0.979	0.984	0.989	0.992	1.002	1.014	1.034	1.054	1.074	1.094
250	0.877	0.987	0.992	0.997	1.002	1.005	1.015	1.027	1.047	1.067	1.087	1.107
275	0.891	1.001	1.006	1.011	1.016	1.019	1.029	1.041	1.061	1.081	1.101	1.121
300	0.904	1.014	1.002	1.024	1.029	1.032	1.042	1.054	1.074	1.094	1.114	1.134
325	0.910	1.020	1.025	1.030	1.035	1.038	1.048	1.060	1.080	1.100	1.120	1.140
350	0.915	1.025	1.030	1.035	1.040	1.043	1.053	1.065	1.085	1.105	1.125	1.145
375	0.921	1.031	1.036	1.041	1.046	1.049	1.059	1.071	1.091	1.111	1.131	1.151
400	0.927	1.037	1.042	1.047	1.052	1.055	1.065	1.077	1.097	1.117	1.137	1.157
425	0.930	1.040	1.045	1.050	1.055	1.058	1.680	1.408	1.100	1.120	1.140	1.160
450	0.932	1.042	1.047	1.052	1.057	1.060	1.070	1.082	1.102	1.122	1.142	1.162
475	0.935	1.045	1.050	1.055	1.060	1.063	1.073	1.085	1.105	1.125	1.145	1.165
500	0.937	1.047	1.052	1.057	1.062	1.065	1.075	1.087	1.107	1.127	1.147	1.167

表4-2 生长肥育牛的每日营养需要量

LBW kg	ADG kg/d	DMI kg/d	NEm MJ/d	NEg MJ/d	RND	NEmf MJ/d	CP g/d	IDCPm g/d	IDCPg g/d	IDCP g/d	Ca	P
	0	2.66	13.80	0.00	1.46	11.76	236	158	0	158	5	5
	0.3	3.29	13.80	1.24	1.87	15.10	377	158	103	261	14	8
	0.4	3.49	13.80	1.71	1.97	15.90	421	158	136	294	17	9
	0.5	3.70	13.80	2.22	2.07	16.74	465	158	169	328	19	10
	0.6	3.91	13.80	2.76	2.19	17.66	507	158	202	360	22	11
150	0.7	4.12	13.80	3.34	2.30	18.58	548	158	235	393	25	12
	0.8	4.33	13.80	3.97	2.45	19.75	589	158	267	425	28	13
	0.9	4.54	13.80	4.64	2.61	21.05	627	158	298	457	31	14
	1.0	4.75	13.80	5.38	2.80	22.64	665	158	329	487	34	15
	1.1	4.95	13.80	6.18	3.02	20.35	704	158	360	518	37	16
	1.2	5.16	13.80	7.06	3.25	26.28	739	158	389	547	40	16
	0	2.98	15.49	0.00	1.63	13.18	265	178	0	178	6	6
	0.3	3.63	15.49	1.45	2.09	16.90	403	178	104	281	14	9
	0.4	3.85	15.49	2.00	2.20	17.78	447	178	138	315	17	9
	0.5	4.07	15.49	2.59	2.32	18.70	489	178	171	349	20	10
	0.6	4.29	15.49	3.22	2.44	19.71	530	178	204	382	23	11
175	0.7	4.51	15.49	3.89	2.57	20.75	571	178	237	414	26	12
	0.8	4.72	15.49	4.63	2.79	22.05	609	178	269	446	28	13
	0.9	4.94	15.49	5.42	2.91	23.47	650	178	300	478	31	14
	1.0	5.16	15.49	6.28	3.12	25.23	686	178	331	508	34	15
	1.1	5.38	15.49	7.22	3.37	27.20	724	178	361	538	37	16
	1.2	5.59	15.49	8.24	3.63	29.29	759	178	390	567	40	17

续表

LBW kg	ADG kg/d	DMI kg/d	NEm MJ/d	NEg MJ/d	RND	NEmf MJ/d	CP g/d	IDCPm g/d	IDCPg g/d	IDCP g/d	Ca	P
	0	3.30	17.12	0.00	1.80	14.56	293	196	0	196	7	7
	0.3	3.98	17.12	1.66	2.32	18.70	428	196	105	301	15	9
	0.4	4.21	17.12	2.28	2.43	19.62	472	196	139	336	17	10
	0.5	4.44	17.12	2.95	2.56	20.67	514	196	173	369	20	11
	0.6	4.66	17.12	3.67	2.69	21.76	555	196	206	403	23	12
200	0.7	4.89	17.12	4.45	2.83	22.47	593	196	239	435	26	13
	0.8	5.12	17.12	5.29	3.01	24.31	631	196	271	467	29	14
	0.9	5.34	17.12	6.19	3.21	25.90	669	196	302	499	31	15
	1.0	5.57	17.12	7.17	3.45	27.82	708	196	333	529	34	16
	1.1	5.58	17.12	8.25	3.71	29.96	743	196	362	558	37	17
	1.2	6.03	17.12	9.42	4.00	32.30	778	196	391	587	40	17
	0	3.60	18.71	0.00	1.87	15.10	320	214	0	214	7	7
	0.3	4.31	18.71	1.86	2.56	20.71	452	214	107	321	15	10
	0.4	4.55	18.71	2.57	2.69	21.76	494	214	141	356	18	11
	0.5	4.78	18.71	3.32	2.83	22.89	535	214	175	390	20	12
	0.6	5.02	18.71	4.13	2.98	24.10	576	214	209	423	23	13
225	0.7	5.26	18.71	5.01	3.14	25.36	614	214	241	456	26	14
	0.8	5.49	18.71	5.95	3.33	26.90	652	214	273	488	29	14
	0.9	5.73	18.71	6.97	3.55	28.66	691	214	304	519	31	15
	1.0	5.96	18.71	8.07	3.81	30.79	726	214	335	549	34	16
	1.1	6.20	18.71	9.28	4.10	33.10	761	214	364	578	37	17
	1.2	6.44	18.71	10.59	4.42	35.69	796	214	391	606	39	18

续表

LBW kg	ADG kg/d	DMI kg/d	NEm MJ/d	NEg MJ/d	RND	NEmf MJ/d	CP g/d	IDCPm g/d	IDCPg g/d	IDCP g/d	Ca	P
	0	3.90	20.24	0.00	2.20	17.78	346	232	0	232	8	8
	0.3	4.64	20.24	2.07	2.81	22.72	475	232	108	340	16	11
	0.4	4.88	20.24	2.85	2.95	23.85	517	232	143	375	18	12
	0.5	5.13	20.24	3.69	3.11	25.10	558	232	177	409	21	12
	0.6	5.37	20.24	4.59	3.27	26.44	599	232	211	443	23	13
250	0.7	5.62	20.24	5.56	3.45	27.82	637	232	244	475.9	26	14
	0.8	5.87	20.24	6.61	3.65	29.50	672	232	276	507.8	29	15
	0.9	6.11	20.24	7.74	3.89	31.38	711	232	307	538.8	31	16
	1.0	6.36	20.24	8.97	4.18	33.72	746	232	337	568.6	34	17
	1.1	6.60	20.24	10.31	4.49	36.28	781	232	365	597.2	36	18
	1.2	6.85	20.24	11.77	4.84	39.06	814	232	392	624.3	39	18
	0	4.19	21.74	0.00	2.40	19.37	372	249	0	249.2	9	9
	0.3	4.96	21.74	2.28	3.07	24.77	501	249	110	359	16	12
	0.4	5.21	21.74	3.14	3.22	25.98	543	249	145	394.4	19	12
	0.5	5.47	21.74	4.06	3.39	27.36	581	249	180	429	21	13
	0.6	5.72	21.74	5.05	3.57	28.79	619	249	214	462.8	24	14
275	0.7	5.98	21.74	6.12	3.75	30.29	657	249	247	495.8	26	15
	0.8	6.23	21.74	7.27	3.98	32.13	696	249	278	527.7	29	16
	0.9	6.49	21.74	8.51	4.23	34.18	731	249	309	558.5	31	16
	1.0	6.74	21.74	9.86	4.55	36.74	766	249	339	588	34	17
	1.1	7.00	21.74	11.34	4.89	39.50	798	249	367	616	36	18
	1.2	7.25	21.74	12.95	5.60	42.51	834	249	393	642.4	39	19

续表

LBW kg	ADG kg/d	DMI kg/d	NEm MJ/d	NEg MJ/d	RND	NEmf MJ/d	CP g/d	IDCPm g/d	IDCPg g/d	IDCP g/d	Ca	P
	0	4.46	23.21	0.00	2.60	21.00	397	266	0	266	10	10
	0.3	5.26	23.21	2.48	3.32	26.78	523	266	112	377.6	17	12
	0.4	5.53	23.21	3.42	3.48	28.12	565	266	147	413.4	19	13
	0.5	5.79	23.21	4.43	3.66	29.58	603	266	182	448.4	21	14
	0.6	6.06	23.21	5.51	3.86	31.13	641	266	216	482.4	24	15
300	0.7	6.32	23.21	6.67	4.06	32.76	679	266	248	515.5	26	15
	0.8	6.58	23.21	7.93	4.31	34.77	715	266	281	547.4	29	16
	0.9	6.85	23.21	9.29	4.58	36.99	750	266	312	578	31	17
	1.0	7.11	23.21	10.76	4.92	39.71	785	266	341	607.1	34	18
	1.1	7.38	23.21	12.37	5.29	42.68	818	266	369	634.6	36	19
	1.2	7.64	23.21	14.12	5.69	45.98	850	266	394	660.3	38	19
	0	4.75	24.65	0.00	2.78	22.43	421	282	0	282.4	11	11
	0.3	5.57	24.65	2.69	3.54	28.58	547	282	114	396	17	13
	0.4	5.84	24.65	3.71	3.72	30.04	586	282	150	432.3	19	14
	0.5	6.12	24.65	4.80	3.91	31.59	624	282	185	467.6	22	14
	0.6	6.39	24.65	5.97	4.12	33.26	662	282	219	501.9	24	15
325	0.7	6.66	24.65	7.23	4.36	35.02	700	282	253	535.1	26	16
	0.8	6.94	24.65	8.59	4.60	37.15	736	282	284	566.9	29	17
	0.9	7.21	24.65	10.06	4.90	39.54	771	282	315	597.3	31	18
	1.0	7.49	24.65	11.66	5.25	42.43	803	282	344	626.1	33	18
	1.1	7.76	24.65	13.40	5.65	45.61	839	282	371	653	36	19
	1.2	8.03	24.65	15.30	6.08	49.12	868	282	395	677.8	38	20

续表

LBW kg	ADG kg/d	DMI kg/d	NEm MJ/d	NEg MJ/d	RND	NEmf MJ/d	CP g/d	IDCPm g/d	IDCPg g/d	IDCP g/d	Ca	P
	0	5.02	26.06	0.00	2.95	23.85	445	299	0	298.6	12	12
	0.3	5.87	26.06	2.90	3.76	30.38	569	299	122	420.6	18	14
	0.4	6.15	26.06	3.99	3.95	31.92	607	299	161	459.4	20	14
	0.5	6.43	26.06	5.17	4.16	33.60	645	299	199	497.1	22	15
	0.6	6.72	26.06	6.43	4.38	35.40	683	299	235	533.6	24	16
350	0.7	7.00	26.06	7.79	4.61	37.24	719	299	270	568.7	27	17
	0.8	7.28	26.06	9.25	4.89	39.50	757	299	304	602.3	29	17
	0.9	7.57	26.06	10.83	5.21	42.05	789	299	336	634.1	31	18
	1.0	7.85	26.06	12.55	5.59	45.15	824	299	365	664	33	19
	1.1	8.13	26.06	14.43	6.01	48.53	857	299	393	691.7	36	20
	1.2	8.41	26.06	16.48	6.47	52.26	889	299	418	716.9	38	20
	0	5.28	27.44	0.00	3.13	25.27	469	314	0	314.4	12	12
	0.3	6.16	27.44	3.10	3.99	32.22	593	314	119	433.5	18	14
	0.4	6.45	27.44	4.28	4.19	33.85	631	314	157	471.2	20	15
	0.5	6.74	27.44	5.54	4.41	35.61	669	314	193	507.7	22	16
	0.6	7.03	27.44	6.89	4.65	37.53	704	314	228	542.9	25	17
375	0.7	7.32	27.44	8.34	4.89	39.50	743	314	262	576.6	27	17
	0.8	7.62	27.44	9.91	5.19	41.88	778	314	294	608.7	29	18
	0.9	7.91	27.44	11.61	5.52	44.60	810	314	324	638.9	31	19
	1.0	8.20	27.44	13.45	5.93	47.87	845	314	353	667.1	33	19
	1.1	8.49	27.44	15.46	6.26	50.54	878	314	378	692.9	35	20
	1.2	8.79	27.44	17.65	6.75	54.48	907	314	402	716	38	20

续表

LBW kg	ADG kg/d	DMI kg/d	NEm MJ/d	NEg MJ/d	RND	NEmf MJ/d	CP g/d	IDCPm g/d	IDCPg g/d	IDCP g/d	Ca	P
	0	5.55	28.80	0.00	3.31	26.74	492	330	0	330	13	13
	0.3	6.45	28.80	3.31	4.22	34.06	613	330	116	446.2	19	15
	0.4	6.76	28.80	4.56	4.43	35.77	651	330	153	482.7	21	16
	0.5	7.06	28.80	5.91	4.66	37.66	689	330	188	518	23	17
	0.6	7.36	28.80	7.35	4.91	39.66	727	330	222	551.9	25	17
400	0.7	7.66	28.80	8.90	5.17	41.76	763	330	254	584.3	27	18
	0.8	7.96	28.80	10.57	5.49	44.31	798	330	285	614.8	29	19
	0.9	8.26	28.80	12.38	5.64	47.15	830	330	313	643.5	31	19
	1.0	8.56	28.80	14.35	6.27	50.63	866	330	340	669.9	33	20
	1.1	8.87	28.80	16.49	6.74	54.43	895	330	364	693.8	35	21
	1.2	9.17	28.80	18.83	7.26	58.66	927	330	385	714.8	37	21
	0	5.80	30.14	0.00	3.48	28.08	515	345	0	345.4	14	14
	0.3	6.73	30.14	3.52	4.43	35.77	636	345	113	458.6	19	16
	0.4	7.04	30.14	4.85	4.65	37.57	674	345	149	494	21	17
	0.5	7.35	30.14	6.28	4.90	39.54	712	345	183	528.1	23	17
	0.6	7.66	30.14	7.81	5.16	41.67	747	345	215	560.7	25	18
425	0.7	7.97	30.14	9.45	5.44	43.89	783	345	246	591.7	27	18
	0.8	8.29	30.14	11.23	5.77	46.57	818	345	275	620.8	29	19
	0.9	8.60	30.14	13.15	6.14	49.58	850	345	302	647.8	31	20
	1.0	8.91	30.14	15.24	6.59	53.22	886	345	327	672.4	33	20
	1.1	9.22	30.14	17.52	7.09	57.24	918	345	349	694.4	35	21
	1.2	9.53	30.14	20.01	7.64	61.67	947	345	368	713.3	37	22

续表

LBW kg	ADG kg/d	DMI kg/d	NEm MJ/d	NEg MJ/d	RND	NEmf MJ/d	CP g/d	IDCPm g/d	IDCPg g/d	IDCP g/d	Ca	P
	0	6.06	31.46	0.00	3.63	29.33	538	361	0	360.5	15	15
	0.3	7.02	31.46	3.72	4.63	37.41	659	361	110	470.7	20	15
	0.4	7.34	31.46	5.14	4.87	39.33	697	361	145	505.1	21	17
	0.5	7.66	31.46	6.65	5.12	41.38	732	361	177	538	23	17
	0.6	7.98	31.46	8.27	5.40	43.60	770	361	209	569.3	25	18
450	0.7	8.30	31.46	10.01	5.69	45.94	806	361	238	598.9	27	19
	0.8	8.62	31.46	11.89	6.03	48.74	841	361	266	626.5	29	19
	0.9	8.94	31.46	13.93	6.43	51.92	873	361	291	651.8	31	20
	1.0	9.26	31.46	16.14	6.90	55.77	906	361	314	674.7	33	20
	1.1	9.58	31.46	18.55	7.42	59.96	938	361	334	694.8	35	22
	1.2	9.90	31.46	21.18	8.00	64.60	967	361	351	711.7	37	22
	0	6.31	32.76	0.00	3.76	30.63	560	375	0	375.4	16	16
	0.3	7.30	32.76	3.93	4.84	39.08	681	375	107	482.7	20	17
	0.4	7.63	32.76	5.42	5.09	41.09	719	375	140	515.9	22	18
	0.5	7.96	32.76	7.01	5.35	43.26	754	375	172	547.6	24	19
	0.6	8.26	32.76	8.73	5.64	45.61	789	375	202	577.7	25	19
475	0.7	8.61	32.76	10.57	5.94	48.03	825	375	230	605.8	27	20
	0.8	8.94	32.76	12.55	6.31	51.00	860	375	257	631.9	29	20
	0.9	9.27	32.76	14.70	6.72	54.31	892	375	280	655.7	31	21
	1.0	9.60	32.76	17.04	7.22	58.32	928	375	301	676.9	33	21
	1.1	9.93	32.76	19.58	7.77	62.76	957	375	320	695	35	22
	1.2	10.26	32.76	22.36	8.37	67.61	989	375	334	709.8	36	23

续表

LBW kg	ADG kg/d	DMI kg/d	NEm MJ/d	NEg MJ/d	RND	NEmf MJ/d	CP g/d	IDCPm g/d	IDCPg g/d	IDCP g/d	Ca	P
	0	6.56	34.05	0.00	3.95	31.92	582	390	0	390.2	16	16
	0.3	7.58	34.05	4.14	5.04	40.71	700	390	104	494.5	21	18
	0.4	7.91	34.05	5.71	5.30	42.84	738	390	136	526.6	22	19
	0.5	8.25	34.05	7.38	5.58	45.10	776	390	167	557.1	24	19
	0.6	8.59	34.05	9.18	5.88	47.53	811	390	196	585.8	26	20
500	0.7	8.93	34.05	11.12	6.20	50.08	847	390	222	612.6	27	20
	0.8	9.27	34.05	13.21	6.58	53.18	882	390	247	637.2	29	21
	0.9	9.61	34.05	15.48	7.01	56.65	912	390	269	659.4	31	21
	1.0	9.94	34.05	17.93	7.53	60.88	947	390	289	678.8	33	22
	1.1	10.28	34.05	20.61	8.10	65.48	979	390	305	695	34	23
	1.2	10.62	34.05	23.54	8.73	70.54	1011	390	318	707.7	36	23

表4-3 生长母牛的每日营养需要量

LBW kg	ADG kg/d	DMI kg/d	NEm MJ/d	NEg MJ/d	RND	NEmf MJ/d	CP g/d	IDCPm g/d	IDCPg g/d	IDCP g/d	Ca	P
	0	2.66	13.80	0.00	1.46	11.76	236	158	0	158	5	5
	0.3	3.29	13.80	1.37	1.90	15.31	377	158	101	259	13	8
	0.4	3.49	13.80	1.88	2.00	16.15	421	158	134	293	16	9
	0.5	3.70	13.80	2.44	2.11	17.07	465	158	167	325	19	10
150	0.6	3.91	13.80	3.03	2.24	18.07	507	158	200	358	22	11
	0.7	4.12	13.80	3.67	2.36	19.08	548	158	231	390	25	11
	0.8	4.33	13.80	4.36	2.52	20.33	589	158	263	421	28	12
	0.9	4.54	13.80	5.11	2.69	21.76	627	158	294	452	31	13
	1.0	4.75	13.80	5.92	2.91	23.47	665	158	324	482	34	14

LBW kg	ADG kg/d	DMI kg/d	NEm MJ/d	NEg MJ/d	RND	NEmf MJ/d	CP g/d	IDCPm g/d	IDCPg g/d	IDCP g/d	Ca	P
	0	2.98	15.49	0.00	1.63	13.18	265	178	0	178	6	6
	0.3	3.63	15.49	1.59	2.12	17.15	403	178	102	280	14	8
	0.4	3.85	15.49	2.20	2.24	18.07	447	178	136	313	17	9
	0.5	4.07	15.49	2.84	2.37	19.12	489	178	169	346	19	10
175	0.6	4.29	15.49	3.54	2.50	20.21	530	178	201	378	22	11
	0.7	4.51	15.49	4.28	2.64	21.34	571	178	233	410	25	12
	0.8	4.72	15.49	5.09	2.81	22.72	609	178	264	442	28	13
	0.9	4.94	15.49	5.96	3.01	24.31	650	178	295	472	30	14
	1.0	5.16	15.49	6.91	3.24	26.19	686	178	324	502	33	15
	0	3.30	17.12	0.00	1.80	14.56	293	196	0	196	7	7
	0.3	3.98	17.12	1.82	2.34	18.92	428	196	103	300	14	9
	04	4.21	17.12	2.51	2.47	19.46	472	196	137	333	17	10
	0.5	4.44	17.12	3.25	2.61	21.09	514	196	170	366	19	11
200	0.6	4.66	17.12	4.04	2.76	22.30	555	196	202	399	22	12
	0.7	4.89	17.12	4.89	2.92	23.46	593	196	234	431	25	13
	0.8	5.12	17.12	5.82	3.10	25.06	631	196	265	462	28	14
	0.9	5.34	17.12	6.81	3.32	26.78	669	196	296	492	30	14
	1.0	5.57	17.12	7.89	3.58	28.87	708	196	325	521	33	15
	0	3.60	18.71	0.00	1.87	15.10	320	214	0	214	7	7
	0.3	431	18.71	2.05	2.60	20.71	452	214	105	319	15	10
	0.4	4.55	18.71	2.82	2.74	21.76	494	214	138	353	17	11
	0.5	4.78	18.71	3.66	2.89	22.89	535	214	172	386	20	12
225	0.6	5.02	18.71	4.55	3.06	24.10	576	214	204	418	23	12
	0.7	5.26	18.71	5.51	3.22	25.36	614	214	236	450	25	13
	0.8	5.49	18.71	6.54	3.44	26.90	652	214	267	481	28	14
	0.9	5.73	18.71	7.66	3.67	29.62	691	214	297	511	30	15
	1.0	5.96	18.71	8.88	3.95	31.92	726	214	326	540	33	16

续表

LBW kg	ADG kg/d	DMI kg/d	NEm MJ/d	NEg MJ/d	RND	NEmf MJ/d	CP g/d	IDCPm g/d	IDCPg g/d	IDCP g/d	Ca	P
	0	3.60	18.71	0.00	1.87	15.10	320	214	0	214	7	7
	0.3	431	18.71	2.05	2.60	20.71	452	214	105	319	15	10
	0.4	4.55	18.71	2.82	2.74	21.76	494	214	138	353	17	11
	0.5	4.78	18.71	3.66	2.89	22.89	535	214	172	386	20	12
225	0.6	5.02	18.71	4.55	3.06	24.10	576	214	204	418	23	12
	0.7	5.26	18.71	5.51	3.22	25.36	614	214	236	450	25	13
	0.8	5.49	18.71	6.54	3.44	26.90	652	214	267	481	28	14
	0.9	5.73	18.71	7.66	3.67	29.62	691	214	297	511	30	15
	1.0	5.96	18.71	8.88	3.95	31.92	726	214	326	540	33	16
	0	3.90	20.24	0.00	2.20	17.78	346	232	0	232	8	8
	0.3	4.64	20.24	2.28	2.84	22.97	475	232	106	338	15	11
	0.4	4.88	20.24	3.14	3.00	24.23	517	232	140	372	18	11
	0.5	5.13	20.24	4.06	3.17	25.01	558	232	173	405	20	12
250	0.6	5.37	20.24	5.05	3.35	27.03	599	232	206	438	23	13
	0.7	5.62	20.24	6.12	3.53	28.53	637	232	237	469	25	14
	0.8	5.87	20.24	7.27	3.76	30.38	672	232	268	500	28	15
	0.9	6.11	20.24	8.51	4.02	32.47	711	232	298	530	30	15
	1.0	6.36	20.24	9.86	4.33	34.98	746	232	326	558	33	17
	0	4.19	21.74	0.00	2.40	19.37	372	249	0	249	9	9
	0.3	4.96	21.74	2.50	3.10	25.06	501	249	107	356	16	11
	0.4	5.21	21.74	3.45	3.27	26.40	543	249	141	391	18	12
	0.5	5.47	21.74	4.47	3.45	27.87	581	249	175	424	20	13
275	0.6	5.72	21.74	5.56	3.65	29.46	619	249	208	457	23	14
	0.7	5.98	21.74	6.73	3.85	31.09	657	249	239	488	25	14
	0.8	6.23	21.74	7.99	4.10	33.10	696	249	270	519	28	15
	0.9	6.49	21.74	9.36	4.38	35.35	731	249	299	548	30	16
	1.0	6.74	21.74	10.85	4.72	38.07	766	249	327	576	32	17

LBW kg	ADG kg/d	DMI kg/d	NEm MJ/d	NEg MJ/d	RND	NEmf MJ/d	CP g/d	IDCPm g/d	IDCPg g/d	IDCP g/d	Ca	P
	0	4.46	23.21	0.00	2.60	21.00	397	266	0	266	10	10
	0.3	5.26	23.21	2.73	3.35	27.07	523	266	109	375	16	12
	0.4	5.53	23.21	3.77	3.54	28.58	565	266	143	409	18	13
	0.5	5.79	23.21	4.87	3.74	30.17	603	266	177	443	21	14
300	0.6	6.06	23.21	6.06	3.95	31.88	641	266	210	476	23	14
	0.7	6.32	23.21	7.34	4.17	33.64	679	266	241	507	25	15
	0.8	6.58	23.21	8.72	4.44	35.82	715	266	271	537	28	16
	0.9	6.85	23.21	10.21	4.74	38.24	750	266	300	566	30	17
	1.0	7.11	23.21	11.84	5.10	41.17	785	266	328	594	32	17
	0	4.75	24.65	0.00	2.78	22.43	421	282	0	282	11	11
	0.3	5.57	24.65	2.96	3.59	28.95	547	282	110	393	17	13
	0.4	5.84	24.65	4.08	3.78	30.54	586	282	145	427	19	14
	0.5	6.12	24.65	5.28	3.99	32.22	624	282	179	461	21	14
325	0.6	6.39	24.65	6.57	4.22	34.06	662	282	212	494	23	15
	0.7	6.66	24.65	7.95	4.46	35.98	700	282	243	526	25	16
	0.8	6.94	24.65	9.45	4.74	38.28	736	282	273	556	28	16
	0.9	7.21	24.65	11.07	5.06	40.88	771	282	302	584	30	17
	1.0	7.49	24.65	12.82	5.45	44.02	803	282	329	611	32	18
	0	5.02	26.06	0.00	2.95	23.85	445	299	0	299	12	12
	0.3	5.87	26.06	3.19	3.81	30.75	569	299	118	416	17	14
	0.4	6.15	26.06	4.39	4.02	32.47	607	299	155	454	19	14
	0.5	6.43	26.06	5.69	4.24	34.27	645	299	191	490	21	15
350	0.6	6.72	26.06	7.07	4.49	36.23	683	299	226	524	23	16
	0.7	7.00	26.06	8.56	4.74	38.24	719	299	259	558	25	16
	0.8	7.28	26.06	10.17	5.04	40.71	757	299	290	589	28	17
	0.9	7.57	26.06	11.92	5.38	43.47	789	299	320	619	30	18
	1.0	7.85	26.06	13.81	5.80	46.82	824	299	348	646	32	18

续表

LBW kg	ADG kg/d	DMI kg/d	NEm MJ/d	NEg MJ/d	RND	NEmf MJ/d	CP g/d	IDCPm g/d	IDCPg g/d	IDCP g/d	Ca	P
375	0	5.28	27.44	0.00	3.13	25.27	469	314	0	314	12	12
	0.3	6.16	27.44	3.41	4.04	32.59	593	314	115	429	18	14
	0.4	6.45	27.44	4.71	4.26	34.39	631	314	151	465	20	15
	0.5	6.74	27.44	6.09	4.50	36.32	669	314	185	500	22	16
	0.6	7.03	27.44	7.58	4.76	38.41	704	314	219	533	24	17
	0.7	7.32	27.44	9.18	5.03	40.58	743	314	250	565	26	17
	0.8	7.62	27.44	10.90	5.35	43.18	778	314	280	595	28	18
	0.9	7.91	27.44	12.77	5.71	46.11	810	314	308	622	30	19
	1.0	8.20	27.44	14.79	6.15	49.66	845	314	333	648	32	19
400	0	5.55	28.80	0.00	3.31	26.74	492	330	0	330	13	13
	0.3	6.45	28.80	3.64	4.26	34.43	613	330	111	441	18	15
	0.4	6.76	28.80	5.02	4.50	36.36	651	330	146	476	20	16
	0.5	7.06	28.80	6.50	4.76	38.41	689	330	180	510	22	16
	0.6	7.36	28.80	8.08	5.03	40.58	727	330	211	541	24	17
	0.7	7.66	28.80	9.79	5.31	42.89	763	330	242	572	26	17
	0.8	7.96	28.80	11.63	5.65	45.65	798	330	270	600	28	18
	0.9	8.26	28.80	13.62	6.04	48.74	830	330	296	626	29	19
	1.0	8.56	28.80	15.78	6.50	52.51	866	330	319	649	31	19
450	0	6.06	31.46	0.00	3.89	31.46	537	361	0	361	12	12
	0.3	7.02	31.46	4.10	4.40	35.56	625	361	105	465	18	14
	0.4	7.34	31.46	5.65	4.59	37.11	653	361	137	498	20	15
	0.5	7.65	31.46	7.31	4.80	38.77	681	361	168	528	22	16
	0.6	7.97	31.46	9.09	5.02	40.55	708	361	197	557	24	17
	0.7	8.29	31.46	11.01	5.26	42.47	734	361	224	585	26	17
	0.8	8.61	31.46	13.08	5.51	44.54	759	361	249	609	28	18
	0.9	8.93	31.46	15.32	5.79	46.78	784	361	271	632	30	19
	1.0	9.25	31.46	17.75	6.09	49.21	808	361	291	632	32	19

续表

LBW kg	ADG kg/d	DMI kg/d	NEm MJ/d	NEg MJ/d	RND	NEmf MJ/d	CP g/d	IDCPm g/d	IDCPg g/d	IDCP g/d	Ca g/d	P g/d
	0	6.56	34.05	0.00	4.21	34.05	582	390	0	390	13	13
	0.3	7.57	34.05	4.55	4.78	38.60	662	390	98	489	18	15
	0.4	7.91	34.05	6.28	4.99	40.32	687	390	128	518	20	16
	0.5	8.25	34.05	8.12	5.22	42.17	712	390	156	547	22	16
500	0.6	8.58	34.05	10.10	5.6	44.15	736	390	183	573	24	17
	0.7	8.92	34.05	12.23	5.73	46.28	760	390	207	597	26	17
	0.8	9.26	34.05	14.53	6.01	48.58	783	390	228	618	26	18
	0.9	9.60	34.05	17.02	6.32	51.07	805	390	247	637	29	19
	1.0	9.93	34.05	19.72	6.65	53.77	827	390	263	653	31	19

表4-4 妊娠母牛的每日营养需要量

体重 kg	妊娠月份	DMI kg/d	NEm MJ/d	NEc MJ/d	RND	NEmf MJ/d	CP g/d	IDCPm g/d	IDCPc g/d	IDCP g/d	Ca g/d	P g/d
	6	6.32	23.21	4.32	2.80	22.60	409	266	28	194	14	12
300	7	6.43	23.21	7.36	3.11	25.12	477	266	49	315	16	12
	8	6.60	23.21	11.17	3.50	28.26	587	266	85	351	18	13
	9	6.77	23.21	15.77	3.97	32.05	735	266	141	407	20	13
	6	6.86	26.06	4.63	3.12	25.19	449	299	30	328	15	13
350	7	6.98	26.06	7.88	3.45	28.87	517	299	53	315	18	14
	8	7.15	26.06	11.97	3.87	31.24	627	299	91	389	20	15
	9	7.32	26.06	16.89	4.37	35.30	775	299	151	450	22	15
	6	7.39	28.80	4.94	3.43	27.69	488	330	32	362	18	15
400	7	7.51	28.80	8.40	3.78	30.56	556	330	56	386	20	16
	8	7.68	28.80	12.76	4.23	34.13	666	330	97	427	22	16
	9	7.84	28.80	18.01	4.76	38.47	814	330	161	491	24	17

续表

体重 kg	妊娠 月份	DMI kg/d	NEm MJ/d	NEc MJ/d	RND	NEmf MJ/d	CP g/d	IDCPm g/d	IDCPc g/d	IDCP g/d	Ca g/d	P g/d
	6	7.90	31.46	5.24	3.73	30.12	526	361	34	394	20	17
450	7	8.02	31.46	8.92	4.11	33.15	594	361	60	420	22	18
	8	8.19	31.46	13.55	4.58	36.99	704	361	103	463	24	18
	9	8.36	31.46	19.13	5.15	41.58	852	361	171	532	27	19
	6	8.40	34.05	5.55	4.03	32.51	563	390	36	426	22	19
500	7	8.52	34.05	9.45	4.43	35.72	631	390	63	453	24	19
	8	8.69	34.05	14.35	4.92	39.76	741	390	109	499	26	20
	9	8.86	34.05	20.25	5.53	44.62	889	390	181	571	29	21
	6	8.89	36.57	5.86	4.31	34.83	599	419	37	457	24	20
550	7	9.00	36.57	9.97	4.73	38.23	667	419	67	486	26	21
	8	9.17	36.57	15.14	5.26	42.47	777	419	115	534	29	22
	9	9.34	36.57	21.37	5.90	47.62	925	419	191	610	31	23

表4-5　泌乳母牛的每日营养需要量

体重 kg	DMI kg/d	FCM kg/d	NEm MJ/d	NEL MJ/d	RND	NEmf MJ/d	CP g/d	IDCPm g/d	IDCPL g/d	IDCP g/d	Ca g/d	P g/d
	4.47	0	23.21	0.00	3.50	28.31	332	266	0	266	10	10
	5.82	3	23.21	9.41	4.92	39.79	587	266	142	408	24	14
	6.27	4	23.21	12.55	5.40	43.61	672	266	190	456	29	15
	6.72	5	23.21	15.69	5.87	47.44	757	266	237	503	34	17
300	7.17	6	23.21	18.83	6.34	51.27	842	266	285	551	39	18
	7.62	7	23.21	21.97	6.82	55.09	927	266	332	598	44	19
	8.07	8	23.21	25.10	7.29	58.92	1012	266	379	645	48	21
	8.52	9	23.21	28.24	7.77	62.75	1097	266	427	693	53	22
	8.97	10	23.21	31.38	8.24	66.57	1182	266	474	740	58	23

体重 kg	DMI kg/d	FCM kg/d	NEm MJ/d	NEL MJ/d	RND	NEmf MJ/d	CP g/d	IDCPm g/d	IDCPL g/d	IDCP g/d	Ca g/d	P g/d
	5.02	0	26.06	0.00	3.93	31.78	372	299	0	299	12	12
	6.37	3	26.06	9.41	5.35	43.26	627	299	142	441	27	16
	6.82	4	26.06	12.55	5.83	47.08	712	299	190	488	32	17
	7.27	5	26.06	15.69	6.30	50.91	797	299	237	536	37	19
350	7.72	6	26.06	18.83	6.77	54.74	882	299	285	583	42	20
	8.17	7	26.06	21.97	7.25	58.56	967	299	332	631	46	21
	8.62	8	26.06	25.10	7.72	62.39	1052	299	379	678	51	23
	9.07	9	26.06	28.24	8.20	66.22	1137	299	427	725	56	24
	9.52	10	26.06	31.38	8.67	70.04	1222	299	474	773	61	25
	5.55	0	28.80	0.00	4.35	35.12	411	330	0	330	13	13
	6.90	3	28.80	9.41	5.77	46.60	666	330	142	472	28	17
	7.35	4	28.80	12.55	6.24	50.43	751	330	190	520	33	18
	7.80	5	28.80	15.69	6.71	54.26	836	330	237	567	38	20
400	8.25	6	28.80	18.83	7.19	58.08	921	330	285	615	43	21
	8.70	7	28.80	21.97	7.66	61.91	1006	330	332	662	47	22
	9.15	8	28.80	25.10	8.14	65.74	1091	330	379	709	52	24
	9.60	9	28.80	28.24	8.61	69.56	1176	330	427	757	57	25
	10.05	10	28.80	31.38	9.08	73.39	1261	330	474	804	62	26
	6.06	0	31.46	0.00	4.75	38.37	449	361	0	361	15	15
	7.41	3	31.46	9.41	6.17	49.85	704	361	142	503	30	19
	7.86	4	31.46	12.55	6.64	53.67	789	361	190	550	35	20
	8.31	5	31.46	15.69	7.12	57.50	874	361	237	598	40	22
450	8.76	6	31.46	18.83	7.59	61.33	959	361	285	645	45	23
	9.21	7	31.46	21.97	8.06	65.15	1044	361	332	693	49	24
	9.66	8	31.46	25.10	8.54	68.98	1129	361	379	740	54	26
	10.11	9	31.46	28.24	9.01	72.81	1214	361	427	787	59	27
	10.56	10	31.46	31.38	9.48	76.63	1299	361	474	835	64	28

续表

体重 kg	DMI kg/d	FCM kg/d	NEm MJ/d	NEL MJ/d	RND	NEmf MJ/d	CP g/d	IDCPm g/d	IDCPL g/d	IDCP g/d	Ca g/d	P g/d
	6.56	0	34.05	0.00	5.14	41.52	486	390	0	390	16	16
	7.91	3	34.05	9.41	6.56	53.00	741	390	142	532	31	20
	8.36	4	34.05	12.55	7.03	56.83	826	390	190	580	36	21
	8.81	5	34.05	15.69	7.51	60.66	911	390	237	627	41	23
500	9.26	6	34.05	18.83	7.98	64.48	996	390	285	675	46	24
	9.71	7	34.05	21.97	8.45	68.31	1081	390	332	722	50	25
	10.16	8	34.05	25.10	8.93	72.14	1166	390	379	770	55	27
	10.61	9	34.05	28.24	9.40	75.96	1251	390	427	817	60	28
	11.06	10	34.05	31.38	9.87	79.79	1336	390	474	864	65	29
	7.04	0	36.57	0.00	5.52	44.60	522	419	0	419	18	18
	8.39	3	36.57	9.41	6.94	56.08	777	419	142	561	32	22
	8.84	4	36.57	12.55	7.41	59.91	862	419	190	609	37	23
	9.29	5	36.57	15.69	7.89	63.73	947	419	237	656	42	25
550	9.74	6	36.57	18.83	8.36	67.56	1032	419	285	704	47	26
	10.19	7	36.57	21.97	8.83	71.39	1117	419	332	751	52	27
	10.64	8	36.57	25.10	9.31	75.21	1202	419	379	799	56	29
	11.09	9	36.57	28.24	9,78	79.04	1287	419	427	846	61	30
	11.54	10	36.57	31.38	10.26	82.87	1372	419	474	893	66	31

表 4-6 母牛对日粮微量矿物质元素需要量

微量元素	单位	需要量（以日粮干物质计）			最大耐受浓度
		生长和肥育牛	妊娠母牛	泌乳早期母牛	
钴（Co）	mg/kg	0.10	0.10	0.10	10
铜（Cu）	mg/kg	10.00	10.00	10.00	100
碘（I）	mg/kg	0.50	0.50	0.50	50
铁（Fe）	mg/kg	50.00	50.00	50.00	1000
锰（Mn）	mg/kg	20.00	40.00	40.00	1000
硒（Se）	mg/kg	0.10	0.10	0.10	2
锌（Zn）	mg/kg	30.00	30.00	30.00	500

（六）肉牛常用饲料成分及营养价值

1. 青绿饲料类饲料成分与营养价值（表4-7）

表4-7　青绿饲料类饲料成分与营养价值

编号	饲料名称	样品说明	DM[a] %	CP[b] %	EE[c] %	CF[d] %	NFE[e] %	Ash[f] %	Ca[g] %	P[h] %	DE[i] MJ/kg	NEmf[j] MJ/kg	RND[k] 个/kg
2-01-610	大麦青割	北京，五月上旬	15.7	2.0	0.5	4.7	6.9	1.6	—	—	1.80	0.86	0.11
			100.0	12.7	3.2	29.9	43.9	10.2			11.45	5.48	0.68
2-01-072	甘薯藤	11省市，15样平均值	13.0	2.1	0.5	2.5	6.2	1.7	0.20	0.05	1.37	0.63	0.08
			100.0	16.2	3.8	19.2	47.7	13.1	1.54	0.38	10.55	4.84	0.60
2-01-632	黑麦草	北京，意大利，黑麦草	18.0	3.3	0.6	4.2	7.6	2.3	0.13	0.05	2.22	1.11	0.14
			100.0	18.3	3.3	23.3	42.2	12.8	0.72	0.28	12.33	6.17	0.76
2-01-645	苜蓿	北京，盛花期	26.2	3.8	0.3	9.4	10.8	1.9	0.34	0.01	2.24	1.02	0.13
			100.0	14.5	1.1	35.9	41.2	7.3	1.30	0.04	9.22	3.87	0.48
2-01-655	沙打旺	北京	14.9	3.5	0.5	2.3	6.6	2.0	0.20	0.05	1.75	0.85	0.10
			100.0	23.5	3.4	15.4	44.3	13.4	1.34	0.34	11.76	5.68	0.70
2-01-664	象草	广东湛江	20.0	2.0	0.6	7.0	9.4	1.0	0.15	0.02	2.23	1.02	0.13
			100.0	10.0	3.0	35.0	47.0	5.0	0.25	0.10	11.13	5.12	0.63
2-01-679	野青草	黑龙江	18.9	3.2	1.0	5.7	7.4	1.6	0.24	0.03	2.06	0.93	0.12
			100.0	16.9	5.3	30.2	39.2	8.5	1.27	0.16	20.92	4.93	0.61
2-01-677	野青草	北京，狗尾草为主	25.3	1.7	0.7	7.1	13.3	2.5	—	0.12	2.53	1.14	0.14
			100.0	6.7	2.8	28.1	52.6	9.9		0.47	10.01	4.50	0.56
3-03-605	玉米青贮	4省市，5样品平均值	22.7	1.6	0.6	6.9	11.6	2.0	0.10	0.06	2.25	1.00	0.12
			100.0	7.0	2.6	30.4	51.1	8.8	0.44	0.26	9.90	4.40	0.54

续表

编号	饲料名称	样品说明	DMᵃ %	CPᵇ %	EEᶜ %	CFᵈ %	NFEᵉ %	Ashᶠ %	Caᵍ %	Pʰ %	DEⁱ MJ/kg	NEmfʲ MJ/kg	RNDᵏ 个/kg
3-03-025	玉米青贮	吉林，收货后青干贮	25.0	1.4	0.3	8.7	12.5	1.9	0.10	0.02	1.70	0.61	0.08
			100.0	5.6	1.2	35.6	50.0	7.6	0.40	0.08	6.78	2.44	0.30
3-03-606	玉米大豆青贮	北京	21.8	2.1	0.5	6.9	8.1	4.1	0.15	0.06	2.20	1.05	0.13
			100.0	9.6	2.3	31.7	37.6	18.8	0.69	0.28	10.09	4.82	0.60
3-03-601	冬大麦青贮	北京，7样品平均值	22.2	2.6	0.7	6.6	9.5	2.8	0.05	0.03	2.47	1.18	0.15
			100.0	11.7	3.2	29.7	42.8	12.6	0.23	0.14	11.14	5.33	0.66
3-03-011	胡萝卜叶青贮	青海西宁，起苔	19.7	3.1	1.3	5.7	5.7	4.8	0.35	0.03	2.01	0.95	0.12
			100.0	15.7	6.6	28.9	28.9	24.4	1.78	0.15	10.18	4.81	0.60
3-03-005	苜蓿青贮	青海西宁，盛花期	33.7	5.3	1.4	12.8	10.3	3.9	0.50	0.10	3.13	1.32	0.16
			100.0	15.7	4.2	38.0	30.6	11.6	1.48	0.30	9.29	3.93	0.49
3-03-021	甘薯蔓青贮	上海	18.3	1.7	1.1	4.5	7.3	3.7	—	—	1.53	0.64	0.08
			100.0	9.3	6.0	24.6	39.9	20.2	—	—	8.38	3.52	0.44
3-03-024	甜菜叶青贮	吉林	37.5	4.6	2.4	7.4	14.6	8.5	0.39	0.10	4.26	2.14	0.26
			100.0	12.3	6.4	19.7	38.9	22.7	1.04	0.27	11.36	5.69	0.70

a 表示干物质；b 表示粗蛋白质；c 表示粗脂肪；d 表示粗纤维；e 表示无氮浸出物；f 表示灰分；g 表示钙；h 表示磷；i 表示消化能；j 表示综合净能；k 表示肉牛能量单位。

2. 块根、块茎、瓜果类饲料成分与营养价值（表4-8）

表4-8　块根、块茎、瓜果类饲料成分与营养价值

编号	饲料名称	样品说明	DM %	CP %	EE %	CF %	NFE %	Ash %	Ca %	P %	DE MJ/kg	NEmf MJ/kg	RND 个/kg
4-04-601	甘薯	北京	24.6	1.1	0.2	0.8	21.2	1.3	—	0.07	3.70	2.07	0.26
			100.0	4.5	0.8	3.3	86.2	5.3	—	0.28	15.05	8.43	1.04
4-04-200	甘薯	7省市，8样品平均值	25.0	1.0	0.3	0.9	22.0	0.8	0.13	0.05	3.83	2.14	0.26
			100.0	4.0	1.2	3.6	88.0	3.2	0.52	0.20	15.31	8.55	1.06
4-04-603	胡萝卜	张家口	9.3	0.8	0.2	0.8	6.8	0.7	0.05	0.03	1.45	0.82	0.10
			100.0	8.6	2.2	8.6	73.1	7.5	0.54	0.32	15.60	8.87	1.10
4-04-208	胡萝卜	12省市，13样品平均值	12.0	1.1	0.3	1.2	8.4	1.0	0.15	0.09	1.85	1.05	0.13
			100.0	9.2	2.5	10.0	70.0	8.3	1.25	0.75	15.44	8.73	1.08
4-04-211	马铃薯	10省市，10样品平均值	22.0	1.6	0.1	0.7	18.7	0.9	0.02	0.03	3.29	1.82	0.23
			100.0	7.5	0.5	3.2	85.0	4.1	0.09	0.14	14.97	8.28	1.02
4-04-213	甜菜	8省市，9样品平均值	15.0	2.0	0.4	1.7	9.1	1.8	0.06	0.04	1.94	1.01	0.12
			100.0	13.3	2.7	11.3	60.7	12.0	0.40	0.27	12.93	6.71	0.83
4-04-611	甜菜丝干	北京	88.6	7.3	0.6	19.6	56.6	4.5	0.66	0.07	12.25	6.49	0.80
			100.0	8.2	0.7	22.1	63.9	5.1	0.74	0.08	13.82	7.33	0.91
4-04-215	芜菁甘蓝	3省市，5样品平均值	10.0	1.0	0.2	1.3	6.7	0.8	0.06	0.02	1.58	0.91	0.11
			100.0	10.0	2.0	13.0	67.0	8.0	0.60	0.20	15.80	9.05	1.12

3. 干草类饲料成分与营养价值（表4-9）

表4-9　干草类饲料成分与营养价值

编号	饲料名称	样品说明	DM %	CP %	EE %	CF %	NFE %	Ash %	Ca %	P %	DE MJ/kg	NEmf MJ/kg	RND 个/kg
1-05-645	羊草	黑龙江，4样品平均值	91.6	7.4	3.6	29.4	46.6	4.6	0.37	0.18	8.78	3.70	0.46
			100.0	8.1	3.9	32.1	50.9	5.0	0.40	0.20	9.59	4.04	0.50
1-05-622	苜蓿干草	北京，苏联苜蓿2号	92.4	16.8	1.3	29.5	34.5	10.3	1.95	0.28	9.79	4.51	0.56
			100.0	18.2	1.4	31.9	37.3	11.1	2.11	0.30	10.59	4.89	0.60
1-05-625	苜蓿干草	北京，下等	88.7	11.6	1.2	43.3	25.0	7.6	1.24	0.39	7.67	3.13	0.39
			100.0	13.1	1.4	48.8	28.2	8.6	1.40	0.44	8.64	3.53	0.44
1-05-646	野干草	北京，秋白草	85.2	6.8	1.1	27.5	40.1	9.6	0.41	0.31	7.86	3.43	0.42
			100.0	8.0	1.3	32.3	47.1	11.4	0.48	0.36	9.22	4.03	0.50
1-05-071	野干草	河北，野草	87.9	9.3	3.9	25.0	44.2	5.5	0.33	—	8.42	3.54	0.44
			100.0	10.6	4.4	28.4	50.3	6.3	0.38	—	9.58	4.03	0.50
1-05-607	黑麦草	吉林	87.8	17.0	4.9	20.4	34.3	11.2	0.39	0.24	10.42	5.00	0.62
			100.0	19.4	5.6	23.2	39.1	12.8	0.44	0.27	11.86	5.70	0.71
1-05-617	碱草	内蒙古，结实期	91.7	7.4	3.1	41.3	32.5	7.4	—	—	6.54	2.37	0.29
			100.0	8.1	3.4	45.0	35.4	8.1	—	—	7.13	2.58	0.32
1-05-606	大米草	江苏，整株	83.2	12.8	2.7	30.3	25.4	12.0	0.42	0.02	7.65	3.29	0.41
			100.0	15.4	3.2	36.4	30.5	14.4	0.50	0.02	9.19	3.95	0.49

4. 农副产品类饲料成分与营养价值（表4-10）

表4-10　农副产品类饲料成分与营养价值

编号	饲料名称	样品说明	DM %	CP %	EE %	CF %	NFE %	Ash %	Ca %	P %	DE MJ/kg	NEmf MJ/kg	RND 个/kg
1-06-062	玉米秸	辽宁，3样品平均值	90.0	5.9	0.9	24.9	50.2	8.1	—	—	5.83	2.53	0.31
			100.0	6.6	1.0	27.7	55.8	9.0	—	—	6.48	2.81	0.35

续表

编号	饲料名称	样品说明	DM %	CP %	EE %	CF %	NFE %	Ash %	Ca %	P %	DE MJ/kg	NEmf MJ/kg	RND 个/kg
1-06-622	小麦秸	新疆，墨西哥种	89.6	5.6	1.6	31.9	41.1	9.4	0.05	0.06	5.32	1.96	0.24
			100.0	6.3	1.8	35.6	45.9	10.5	0.06	0.07	5.93	2.18	0.27
1-06-620	小麦秸	北京，冬小麦	43.5	4.4	0.6	15.7	18.1	4.7	—	—	2.54	0.91	0.11
			100.0	10.1	1.4	36.1	41.6	10.8	—	—	2.85	2.10	0.26
1-06-009	稻草	浙江，晚稻	89.4	2.5	1.7	24.1	48.8	12.3	0.07	0.05	4.84	1.92	0.24
			100.0	2.8	1.9	27.0	54.6	13.8	0.08	0.06	5.42	2.16	0.27
1-06-611	稻草	河南	90.3	6.2	1	27.0	37.3	18.6	0.56	0.17	4.64	1.79	0.22
			100.0	6.9	1.3	29.9	41.3	20.6	0.62	0.19	5.17	1.99	0.25
1-06-615	谷草	黑龙江，2样品平均值	90.7	4.5	1.2	32.6	44.2	8.2	0.34	0.03	6.33	2.71	0.34
			100.0	5.0	1.3	35.9	48.7	9.0	0.37	0.03	6.98	2.99	0.37
1-06-100	甘薯蔓	7省市，31样品平均值	88.0	8.1	2.7	28.5	39.0	9.7	1.55	0.11	7.53	3.28	0.41
			100.0	9.2	3.1	32.4	44.3	11.0	1.76	0.13	8.69	3.78	0.47
1-06-617	花生蔓	山东，伏花生	91.3	11.0	1.5	29.6	41.3	7.9	2.46	0.04	9.48	4.31	0.53
			100.0	12.0	1.6	32.4	45.2	8.7	2.69	0.04	10.39	4.72	0.58

5. 谷实类饲料成分与营养价值（表4-11）

表4-11 谷实类饲料成分与营养价值

编号	饲料名称	样品说明	DM %	CP %	EE %	CF %	NFE %	Ash %	Ca %	P %	DE MJ/kg	NEmf MJ/kg	RND 个/kg
4-07-263	玉米	23省市，120样品平均值	88.4	8.6	3.5	2.0	72.9	1.4	0.08	0.21	14.47	8.06	1.00
			100.0	9.7	4.4	2.3	82.5	1.6	0.09	0.24	16.36	9.12	1.13

续表

编号	饲料名称	样品说明	DM %	CP %	EE %	CF %	NFE %	Ash %	Ca %	P %	DE MJ/kg	NEmf MJ/kg	RND 个/kg
4-07-194	玉米	北京,黄玉米	88.0	8.5	4.3	1.3	72.2	1.7	0.02	0.21	14.87	8.40	1.04
			100.0	9.7	4.9	1.5	82.0	1.9	0.02	0.24	16.90	9.55	1.18
4-07-104	高粱	17省市,38样品平均值	89.3	8.7	3.3	2.2	72.9	2.2	0.09	25.28	13.31	7.08	25.88
			100.0	9.7	3.7	2.5	81.6	2.5	0.10	0.31	14.90	7.93	0.98
4-07-605	高粱	北京,红高粱	87.0	8.5	3.6	25.5	71.3	2.1	0.09	25.36	13.09	6.98	25.86
			100.0	9.8	4.1	1.7	82.0	2.4	0.10	0.41	15.04	8.02	0.99
4-07-022	大麦	20省市,49样品平均值	88.8	10.8	2.0	4.7	68.1	3.2	0.12	25.29	13.31	7.19	25.89
			100.0	12.1	2.3	5.3	76.7	3.6	0.14	0.33	14.99	8.10	1.00
4-07-074	籼稻谷	9省市,34样品平均值	90.6	8.3	25.5	8.5	67.5	4.8	0.13	25.28	13.00	6.98	25.86
			100.0	9.2	1.7	9.4	74.5	5.3	0.14	0.13	14.35	7.71	0.95
4-07-188	燕麦	11省市,17样品平均值	90.3	11.6	5.2	8.9	60.7	3.9	0.15	25.33	13.28	6.95	25.86
			100.0	12.8	5.8	9.9	67.2	4.3	0.17	0.37	14.70	7.70	0.95
4-07-164	小麦	15省市,28样品平均值	91.8	12.1	25.8	2.4	73.2	2.3	0.11	25.36	14.82	8.29	25.03
			100.0	13.2	2.0	2.6	79.7	2.5	0.12	0.39	16.14	9.03	1.12

6. 糠麸类饲料成分与营养价值（表4-12）

表4-12 糠麸类饲料成分与营养价值

编号	饲料名称	样品说明	DM %	CP %	EE %	CF %	NFE %	Ash %	Ca %	P %	DE MJ /kg	NEmf MJ /kg	RND 个 /kg
4-08-078	小麦麸	全国，115样品平均值	88.6	14.4	3.7	9.2	56.2	5.1	0.20	25.78	11.37	5.86	25.73
			100.0	16.3	4.2	10.4	63.4	5.8	0.20	0.88	13.24	6.61	0.82
4-08-049	小麦麸	山东，39样品平均值	89.3	15.0	3.2	10.3	55.4	5.4	0.14	25.54	11.47	5.66	25.70
			100.0	16.8	3.6	11.5	62.0	6.0	0.16	0.60	12.84	6.33	0.78
4-08-094	玉米皮	北京	87.9	10.17	4.9	13.8	57.0	2.1	—	—	10.12	4.59	25.57
			100.0	11.5	5.6	15.7	64.8	2.4	—	—	11.51	5.22	0.65
4-08-030	米糠	4省市，13样品平均值	90.2	12.1	15.5	9.2	43.3	10.1	0.14	25.04	13.93	7.22	25.89
			100.0	13.4	17.2	10.2	48.0	11.2	0.16	1.15	15.44	8.00	0.99
4-08-016	高粱糠	2省市，8样品平均值	91.1	9.6	9.1	4.0	63.5	4.9	0.07	25.81	14.02	7.40	25.92
			100.0	10.5	10.0	4.5	69.7	5.4	0.08	0.89	15.39	8.13	1.01
4-08-603	黄面粉	北京，土面粉	87.2	9.5	25.7	25.3	74.3	25.4	0.08	25.44	14.24	8.08	25.00
			100.0	10.9	0.8	1.5	85.2	1.6	0.09	0.50	16.33	9.26	1.15
4-08-001	大豆皮	北京	91.0	18.8	2.6	25.4	39.4	5.1	—	25.35	11.25	5.40	25.67
			100.0	20.7	2.9	27.6	43.3	5.6	—	0.38	12.36	5.94	0.74

7. 饼粕类饲料成分与营养价值（表4-13）

表4-13　饼粕类饲料成分与营养价值

编号	饲料名称	样品说明	DM %	CP %	EE %	CF %	NFE %	Ash %	Ca %	P %	DE MJ/kg	NEmf MJ/kg	RND 个/kg
5-10-043	豆饼（机榨）	13省市，42样品平均值	90.6	43.0	5.4	5.7	30.6	5.9	0.32	25.50	14.31	7.41	25.92
			100.0	47.5	6.0	6.3	33.8	6.5	0.35	0.55	15.80	8.17	1.01
5-10-602	豆饼	四川，溶剂法	89.0	45.8	25.9	6.0	30.5	5.8	0.32	25.67	13.48	6.97	25.86
			100.0	51.2	1.0	6.7	34.3	6.5	0.36	0.75	15.15	7.83	0.97
5-10-022	菜籽饼（机榨）	13省市，21样品平均值	92.2	36.4	7.8	10.7	29.3	8.0	0.73	25.95	13.52	6.77	25.84
			100.0	39.5	8.5	11.6	31.8	8.7	0.79	1.03	14.66	7.35	0.91
5-10-062	胡麻饼（机榨）	8省市，11样品平均值	92.0	33.1	7.5	9.8	34.0	7.6	0.58	25.77	13.76	7.01	25.87
			100.0	36.0	8.2	10.7	37.0	8.3	0.63	0.84	14.95	7.62	0.94
5-10-075	花生饼（机榨）	9省市，34样品平均值	89.9	46.4	6.6	5.8	25.7	5.4	0.24	25.52	14.44	7.44	25.92
			100.0	51.6	7.3	6.5	28.6	6.0	0.27	0.58	16.06	8.24	1.02
5-10-610	棉籽饼（去壳）	上海，浸2样品平均值	88.3	39.4	2.1	10.4	29.1	7.3	0.23	2.01	12.05	5.95	25.74
			100.0	44.6	2.4	11.8	33.0	8.3	0.26	2.28	13.65	6.74	0.83
5-10-612	棉籽饼（去壳机榨）	4省市，6样品平均值	89.6	32.5	5.7	10.7	34.5	6.2	0.27	25.81	13.11	6.62	25.82
			100.0	36.3	6.4	11.9	38.5	6.9	0.30	0.90	14.63	7.39	0.92
5-10-110	向日葵饼	北京，去壳浸提	92.6	46.1	2.4	11.8	25.5	6.8	0.53	25.35	10.97	4.93	25.61
			100.0	49.8	2.6	12.7	27.5	7.4	0.57	0.38	11.84	5.32	0.66

8. 糟渣类饲料成分与营养价值（表4-14）

表4-14　糟渣类饲料成分与营养价值

编号	饲料名称	样品说明	DM%	CP%	EE%	CF%	NFE%	Ash%	Ca%	P%	DE MJ/kg	NEmf MJ/kg	RND 个/kg
5-11-103	酒糟	吉林,高粱酒糟	37.7	9.3	4.2	3.4	17.6	3.2	—	—	5.83	3.03	25.38
			100.0	24.7	11.1	9.0	46.7	8.5	—	—	15.46	8.05	1.00
4-11-092	酒糟	贵州,玉米酒糟	21.0	4.0	2.2	2.3	11.7	25.8	—	—	2.69	25.25	25.15
			100.0	19.0	10.5	11.10	55.7	3.4	—	—	12.89	5.94	0.73
411-058	玉米粉糟	6省市,7样品平均值	15.0	2.8	25.7	25.4	10.7	25.4	0.02	25.02	2.41	25.33	25.16
			100.0	12.0	4.7	9.3	71.3	2.7	0.13	0.13	16.1	8.86	1.10
411-069	马铃薯粉糟	3省市,3样品平均值	15.0	25.0	25.4	25.3	11.7	25.6	0.06	25.04	25.90	25.94	25.12
			100.0	6.7	2.7	8.7	78.0	4.0	0.40	0.27	12.67	6.29	0.78
5-11-607	啤酒糟	2省市,3样品平均值	23.4	6.8	25.9	3.9	9.5	25.3	0.09	25.18	2.98	25.38	25.17
			100.0	29.1	8.1	16.7	40.6	5.6	0.38	0.77	12.27	5.91	0.73
1-11-609	甜菜渣	黑龙江	8.4	25.9	25.1	2.6	3.4	25.4	0.08	25.05	25.00	25.52	25.06
			100.0	10.7	1.2	31.0	40.5	16.7	0.95	0.60	11.92	6.17	0.76
1-11-602	豆腐渣	2省市,4样品平均值	11.0	3.3	25.8	2.1	4.4	25.4	0.05	25.03	25.77	25.93	25.12
			100.0	30.0	7.3	19.1	40.0	3.6	0.45	0.27	16.09	8.49	1.05
5-11-080	酱油渣	宁夏银川	24.3	7.1	4.5	3.3	7.9	25.5	0.11	25.03	3.62	25.73	25.21
			100.0	29.2	18.5	13.6	32.5	6.2	0.45	0.12	14.89	7.14	0.88

9. 矿物质类饲料成分与营养价值（表4-15）

表4-15　矿物质类饲料成分与营养价值

编号	饲料名称	样品说明	干物质%	钙%	磷%
6-14-001	白云石	北京	—	21.16	0
6-14-002	蚌壳粉	东北	99.3	40.82	0
6-14-003	蚌壳粉	东北	99.8	46.46	—
6-14-004	蚌壳粉	安徽	85.7	23.51	—
6-14-006	贝壳粉	吉林榆树	98.9	32.93	0.03
6-14-007	贝壳粉	浙江舟山	98.6	34.76	0.02
6-14-016	蛋壳粉	四川	—	37.00	0.15
6-14-017	蛋壳粉	云南会泽，6.3%CP	96	25.99	0.1
6-14-030	砺粉	北京	99.6	39.23	0.23
6-14-032	碳酸钙	北京，脱氟	—	27.91	14.38
6-14-034	碳酸氢钙	四川	风干	23.20	18.60
6-14-035	碳酸氢钙	云南，脱氟	99.8	21.85	8.64
6-14-037	马芽石	云南昆明	风干	38.38	0
6-14-038	石粉	河南南阳，白色	97.1	39.49	—
6-14-039	石粉	河南大理石，灰色	99.1	32.54	—
6-14-040	石粉	广东	风干	42.21	—
6-14-041	石粉	广东	风干	55.67	0.11
6-14-042	石粉	云南昆明	92.1	33.98	0
6-14-044	石灰石	吉林	99.7	32.0	—
6-14-045	石灰石	吉林九台	99.9	24.48	—
6-14-046	碳酸钙	浙江湖州	99.1	35.19	0.14
6-14-048	蟹壳粉	上海	89.9	23.33	1.59

二、肉牛常用饲料

肉牛的常用饲料包括干草、青贮饲料、作物秸秆、精饲料、糟粕、农作物块根以及添加剂等。

（一）干草

这部分饲料是人工栽培的和野生的青草晒制的最终产物。干草通常含纤维素 18%，粗蛋白质 10%~21%，比秸秆约高 1 倍。用豆科牧草晒制的干草，如苜蓿或紫云英，其干物质中的粗蛋白质含量大于 20%，而粗纤维含量低于 18%，属蛋白质干草饲料，是十分优良的饲料。这种优质干草必须保留叶、嫩枝和花蕾。干草的营养成分因刈割的时期不同而异（图4-1）。

图4-1　干草饲料

（二）高产青饲作物

高产青饲作物能突破每亩地常规牧草生产的生物总收获量，使能量和蛋白质产量大幅度增加。目前以饲用玉米、甜高粱、籽粒苋等最有使用价值。

1. 玉米 将玉米在乳蜡熟期青割，取代玉米先收籽粒再全部风干秸秆，其在营养成分、产量上表现出巨大的优势（图4-2）。

图4-2 玉米秸秆

2. 甜高粱 甜高粱是新育成的品种，可用以酿酒、制砂糖和作青贮饲料。每亩的谷实产量是200～400 kg，茎叶产量为4 000～7 000 kg（图4-3）。

图4-3 甜高粱

3. 小黑麦 小黑麦适宜于小麦不宜种植的地区，是粮饲兼用作物。此作物无论是制作青贮还是调制干草都十分适宜，是发展畜牧业的一种新的牧草与粮饲兼用的品种。小黑麦地上部分生长旺盛，叶片肥厚，比重大，小黑麦种子的成分中，除色氨酸低于小麦，亮氨酸低于高粱以外，其余都高于小麦、玉米等籽粒。小黑麦的鲜草产量，在播种较早时，越冬后每亩产量达 1 667~4 000 kg，播种较迟时每亩产量可达 3 000~4 000 kg。

4. 籽粒苋 籽粒苋是当今新开拓的作物品种之一，尤其是蛋白质和赖氨酸的含量很高，有利于发展畜牧业。籽粒苋植株的茎叶营养价值高于一般的青饲料，鲜茎叶每亩产量达 7 500~10 000 kg。刈割后再生分蘖能力很强。

（三）青贮饲料

青贮饲料及黄贮饲料，是牛饲料中十分重要的组成部分。最常用的是玉米青贮。青贮饲料有以下优点：能最大比例地保留原有作物的营养成分，如牧草青贮一般能保存 85% 以上的养分，而制作干草最好的也只能保存 80% 的养分，一般只能保存 50%~60%。给牛喂青贮玉米

图 4-4 玉米青贮的制作过程

比喂玉米谷粒加枯玉米秆的饲养价值高 30%~50%。在气候恶劣的情况下能制作优质青贮饲料，但不能晒制干草。储存青贮比保存干草占有的空间少 1/2。青贮饲料的饲喂量一般以干草重量的

4倍估算，如将每天喂5 kg干草改为每天喂2 kg干草与12 kg青贮饲料（图4-4）。

（四）谷实饲料

谷实饲料又称精饲料，指消化率比较高、能量较高的饲料。谷实饲料比较贵，但是如果按每个饲料单位提供的能量，可消化率和其他成分计算，其在价格上比较合算。精饲料在饲用时必须精细加工，一般必须磨碎，整粒饲喂会降低利用率。另外，高精饲料日粮易引起各种各样的消化紊乱问题，如皱胃变位、酸中毒等；且精饲料含钙很低，大多低于0.1%，易引起磷钙不平衡，这些在饲养管理中要特别注意。

1. 玉米　玉米是含能量最高的饲料，含丰富的碳水化合物和脂肪，但赖氨酸和色氨酸的含量甚低，蛋白质含量不足。高脂肪含量不仅使玉米成为高能饲料，而且其适口性和饲养品质也都有提高。

图4-5　玉米

2. 大麦　在精饲料中大麦是含蛋白质较高的饲料，比玉米的蛋白质含量明显要高，是肉畜饲养上产生优质动物肉块和脂肪的原料。生产高档肉品时大麦被认为是最好的精饲料。但目前农村种植较少，且主要作为制作啤酒的原料。

图4-6　大麦

3. 糠麸饲料　糠麸饲料是谷实加工的副产品，是牛营养性饲料中的重要组成部分。这类饲料含蛋白质的成分往往比谷物高，含磷量尤其突出，成为调剂日粮蛋白质和磷元素比例时十分重要的手段。

除小麦麸以外，米糠、玉米皮、大豆皮等都是蛋白质或磷等营养物质的有效补充物，作为当地资源，是养牛的精饲料配方中常用的组分（图4-7）。

图4-7　糠麸饲料

4. 饼粕饲料　饼粕饲料可以提供一般植物性饲料所不足的氨基酸。除此以外，油料作物籽实可以用来提炼浓缩的蛋白质和能量饲料。

（1）大豆饼：大豆饼是最受欢迎的饼粕，蛋白质含量因加工工艺而异，高达41%~50%。

（2）棉籽饼：棉籽饼是棉区最重要的蛋白质来源之一，其蛋白质含量高达36%~48%。棉酚是一种萘类衍生物，对血液、神经等有损害作用，过量时会中毒。一般每天喂量1.5~4.0 kg，以防中毒。

（3）菜籽饼：菜籽饼是高蛋白质饲料，其氨基酸成分不亚于大豆饼，但适口性差，含有菜籽饼毒，尽管牛对此毒的敏感性较低，但使用时要限量，每天1~2 kg，才不会出现中毒症状。

（4）花生饼：花生饼是适口而优质的蛋白质补充料，蛋白质含量为41%~50%，但蛋氨酸、赖氨酸、色氨酸以及钙、胡萝卜素和维生素的含量均低，且不宜越夏久藏，应使用新鲜的花生饼。

饼粕类饲料，尤其是豆饼，是精饲料中的关键饲料，蛋白质的主导成分。这类饼粕价格较高，为了降低成本，牛日粮搭配中蛋白质的供给不要单一地依靠饼粕类饲料，还要充分利用其他畜禽所不用的或很少用的棉饼类，达到育肥生产的目的，在营养成分上要弥补饼粕类饲料某些维生素不足的缺点。

5. 糟渣料及工业副产品　酒精、啤酒、白酒、淀粉、制糖、酱坊、醋坊、粉丝以及屠宰等行业的副产品，及深加工的羽毛、血粉、皮革粉等都可用作饲料。

（1）酒糟：白酒的酒糟是我国传统产品，近年来啤酒酒糟量增加。这两类副产品是粮食经过发酵的产物，按纯干物质含量计算，粗蛋白质15%~25%，粗脂肪2%~5%，无氮浸出物35%~41%，粗灰分11%~14%，钙0.3%~0.6%，磷0.2%~0.7%，而纤维素为 15%~20%，适宜于喂牛（图 4-8）。

图 4-8　酒糟

（2）粉渣：用玉米、甘薯、木薯、小麦等制作淀粉时，一些浆状物经过滤或脱水后是良好的饲料。这类粉渣的加工废液中可能有重金属元素及别的残留物，在饲喂时只作为补充料，不用作主料。

羽毛粉、血粉、鱼粉、草粉等在用于养猪养鸡有富余时也应加以利用。

三、肉牛饲料配制

（一）肉牛日粮配置的原则

（1）以肉牛的营养需要或饲养标准为依据，灵活应用，不能死搬硬套。

（2）要因地制宜选择饲料，选择当地数量多、来源广、价格低的饲料，以降低饲料成本。

（3）选择的饲料要具有较好的适口性。

（4）配置日粮要符合肉牛的营养消化特点，注意精料和粗料之间的搭配比例。

（5）日粮尽可能由多种饲料原料组成，适口性好，消化率高，避免饲料单一，营养不全。

（二）配置方法

肉牛的日粮配置方法有对角线法、试差法和电脑法等。现以活重300 kg，预期日增重1 kg的肥育牛群为例，说明对角线法日粮配置的步骤。

1. 查饲养标准 从生长肥育牛的营养需要表中查得该牛群的饲养标准（表4-16）。

表4-16 营养需求（饲养标准）

干物质（kg）	肉牛能量单位（RND）	粗蛋白质（g）	钙（g）	磷（g）
7.11	4.92	785	34	18

2. 选择饲料原料 根据肉牛场当地情况选择粗饲料为小麦秸、玉米青贮，精饲料为玉米、豆饼和小麦麸，选定饲料的成分与营养价值见表4-17。

表4-17 几种饲料成分与营养价值

饲料	干物质（%）	肉牛能量单位（RND）	粗蛋白质（%）	钙（%）	磷（%）
玉米	88.4	1.00	8.60	0.08	0.21
小麦麸	88.6	0.73	14.40	0.18	0.78
豆饼	90.6	0.92	43.00	0.32	0.50
小麦秸	89.6	0.24	5.60	0.05	0.06
玉米青贮	22.7	0.12	1.60	0.10	0.06

3. 确定粗饲料的用量 粗饲料一般按100 kg活重喂干草或小麦秸1~2 kg，3~4 kg玉米青贮相当于1 kg干草。举例，牛群活重为300 kg，确定喂小麦秸2 kg，玉米青贮8 kg。也可按精、粗饲料在日粮干物质中各占50%的比例来计算。粗饲料量确定

后，计算出其营养物质含量，并从饲养标准中减去，不足的营养物质由精料补充（表4-18）。

表4-18　粗饲料营养成分与营养价值

饲料	用量（kg）	干物质（kg）	肉牛能量单位（RND）	粗蛋白质（g）	钙（g）	磷（g）
小麦秸	2	1.79	0.48	112	1.0	1.2
玉米青贮	8	1.82	0.96	128	8.0	4.8
合计	10	3.61	1.44	240	9.0	6.0
饲养标准	—	7.11	4.92	785	34.0	18.0
平衡	—	-3.50	-3.48	-545	-25	-12

4. 计算出各种精料用量

（1）求出各种精料和拟配饲料中精料补充料粗蛋白质/RND比值：

玉米为86/1 = 86，小麦麸为144/0.73 = 197，豆饼为430/0.92 = 468，拟配精料补充料545/3.48 = 156.6

（2）用对角线法计算出各种精料用量：

1）先将各精料成双配成组：按蛋白质/RND比值，将精料原料按高于和低于拟配精料补充料该比值标准分成两类，然后一高一低成双配成组。本例中玉米比值最低（86）置中间，分别与小麦麸（197）、豆饼（468）配成两组，将拟配精料补充料蛋白质/RND置于每组中间，并用线条将其与其他饲料原料相连。

2）计算对角线的绝对值：如小麦麸对角线197 - 156.6 = 40.4，豆饼对角线为468 - 156.6 = 311.4等，计算出右侧各数并相加得出总量（70.6 + 40.4 + 311.4 + 70.6 = 493）（图4-9）。

3）计算各精料用量：要求拟配精料补充料中应含RND为3.48，将各精料用量与总量比例算成总量为3.48时的比例，然后分别被各精料每1 kg所含RND数除，就得到各精料用量（kg）：

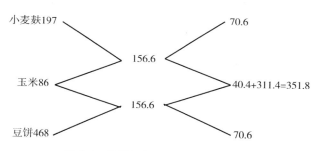

图4-9　精料组成及各对角线绝对值

小麦麸为（70.6/493×3.48）/0.73 = 0.68，玉米为（351.8/493×3.48）/1.00 = 2.48，豆饼为（70.6/493×3.48）/0.92 = 0.54。

5. 调整营养成分　与饲养标准相比，调整营养成分列出配方。

（1）对比饲养标准，调整营养成分（表4-19）。

表4-19　初配饲粮与饲养标准对比

项目	干物质（kg）	肉牛能量单位（RND）	粗蛋白质（g）	钙（g）	磷（g）
饲养标准	7.11	4.92	785.0	34.0	18.0
饲粮（精料+粗饲料）	6.89	4.92	783.4	13.9	19.2
±	-0.22	0	-1.6	-20.1	+1.2

从表4-19中可见，干物质相差0.22 kg，可在饲喂中适当增加粗饲料即可补充，不再调整；RND与饲养标准一致（超出或不足饲养标准的±5%就应调整）；粗蛋白质比饲养标准少1.6 g，即供应量未超出或不足饲养标准的±10%，不再调整。磷已满足要求，钙缺20.1 g，必须补足。首选仅含钙的矿物质饲料补充，若选高钙低磷的矿物质饲料必须注意钙磷比例。现选用石粉，从矿物质饲料成分表中查出，石粉含钙量为33.98%，需补充钙

20.1 g，石粉用量为 20.1g/33.98% = 59.2 g。

（2）列出饲粮的饲料组成及精料补充料（或精料混合料）配方（%）。

饲料组成及饲喂（kg）：精料补充料为小麦麸 0.68，玉米 2.48，豆饼 0.54，石粉 0.0059，食盐 0.038，肉牛预混合料 0.038。合计精料喂量 3.84 kg，小麦秸 2 kg，玉米青贮 8 kg。

精料补充料配方（%）：玉米 64.58，小麦麸 17.71，豆饼 14.06，石粉 1.54，食盐 1.00，肉牛预混料 1.00。按配方比例配料，每头日喂量为 3.84 kg。

配方应根据饲粮饲喂效果及时进行调整。

第五部分　肉牛繁殖技术及管理

　　牛繁殖慢、饲养周期长，养殖成本高。牛的生物学特性决定了牛不像猪、鸡那样繁殖快，饲养周期短。牛属单胎动物，怀孕期就长达280多天，育肥出栏一般需要2年以上，养殖成本要比猪、鸡高得多（图5-1）。

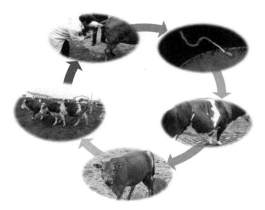

图5-1　牛繁殖循环示意

一、后备牛选择与初配年龄

　　后备（育成）牛选择：6月龄断奶体重地方品种母牛达到120 kg，公牛达到140 kg，肉用品种母牛达到180 kg，公牛达到

190 kg，公母分群进入育成牛舍。

母牛初配年龄一般为 16 或 18 月龄，为了减小对母牛自身发育的影响，还要求母牛体重达到成年母牛体重的 70%，本地品种大致为大于 210 kg，肉牛品种大于 280 kg。

二、母牛发情鉴定

母牛的发情鉴定首先要发现繁殖母牛群中的发情牛而后鉴定发情。母牛的发情表现有兴奋、不安，有时哞叫，爬跨或接受爬跨。通常需要大量的时间进行人为观察，所以规模养殖场目前有两种新方法：一是牛用计步器法，需要成套的牛群管理系统，可以在办公室通过计步器发送步数发现发情牛；二是蜡笔染色法，需要配种员在繁殖母牛尾根处及时蜡笔补色，通过观察颜色变化发现发情牛。发现发情牛后，仍需要配种员人为鉴定是否发情，用直肠检查法，直肠检查可以确定卵巢上卵泡的发育情况，从而判断母牛发情并确定配种时间；还有一种仪器——牛发情排卵测定仪，可以通过阴道黏液的电阻变化判断牛是否发情，目前推广使用较少。

（一）母牛发情特点

母牛的发情持续期短，为 12~22 小时，平均 18 小时左右，排卵时间在发情结束后的 10~17 小时。发情表现症状明显。发情鉴定主要采用行为观察结合外部观察法，必要时可采用直肠检查。应根据上次的发情时间和发情周期，在下次发情即将来临之际有目的、有针对性地对即将发情的牛进行观察。对于牛场的群体，应每日进行 4~5 次观察，每日的观察时间为：6：00，10：00,14：00,18：00 和 22：00。对发情异常及产后 50 天内未见发情的牛，要及时检查治疗。发情异常有不发情、安静发情、假发情、断续发情、持续发情、妊后发情等。

1. 行为变化观察　牛场对母牛的发情鉴定可采用此法。每天可在早上、傍晚或清晨、下午和晚上观察 2~3 次，每次至少 20 分钟。在气温超过 30 ℃ 时，只有在夜间或早晨才可观察到明显的发情表现，故气温较高时应在夜间和早晨（尤其在早晨）进行观察。每天至少保证 1 个小时的观察时间。

主要观察母牛有无稳定接受其他牛的爬跨和爬跨其他牛的现象，一旦发现，就进行近距离观察外阴变化。

2. 外阴变化观察 外阴的变化主要是肿胀程度、分泌物和颜色。如图 5-2 所示，在发情过程中，外阴分泌物由无到有，逐渐增多，再逐渐减少；分泌物由清亮逐渐向黏稠转变，到后期分泌物开始减少，后期个别出现排血现象；颜色由潮红、大红到紫红色，再到恢复正常。

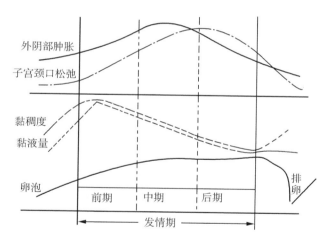

图 5-2　发情时外阴变化曲线

3. 直肠检查 对无法确定的可采用直肠检查法，通过触摸卵巢的变化判定发情的阶段。但直肠检查要求技术员操作熟练，触摸卵巢卵泡时防止将卵泡摸破。

（二）发情鉴定注意事项

（1）发情早期：母牛刚开始发情，特征是哞叫、离群，沿运动场内行走，试图接近其他牛；爬跨其他牛；阴户轻度肿胀、黏膜湿润、潮红；嗅闻其他牛后躯；不愿接受其他牛爬跨；产奶量减少。

（2）发情盛期：持续约 18 小时，特征是站立接受其他牛爬跨，爬跨其他牛；哞叫频繁；兴奋不安、食欲不振或拒食；产奶量下降。

（3）发情即将结束期：母牛表现拒绝接受其他牛爬跨，嗅闻其他牛；试图爬跨其他牛；食欲正常，产奶量回升；可能从阴户排出黏液。

（4）发情结束后：第 2 天可看到阴户有少量血性分泌物；当隐性发情牛有此症状时，在 16～19 天后会再次发情，应引起重视。

（5）发情鉴定：采用观察法，每天不少于 3 次，主要观察牛只性欲、黏液量、黏液性状，必要时进行直肠检查，查看卵泡发育情况。

（6）对超过 14 月龄未见初情的后备母牛：必须进行母牛产科检查和营养学分析。

（7）对产后 60 天未发情的牛、间情期超过 40 天的牛、妊检时未妊娠的牛，要及时做好产科检查，必要时使用激素诱导发情。

（8）对异常发情（安静发情、持续发情、断续发情、情期不正常发情等）：牛和授精 2 次以上未妊娠牛要进行直肠检查。详细记录子宫、卵巢的位置、大小、质地和黄体的位置、数目、发育程度、有无卵巢静止、持久黄体、卵泡和黄体囊肿等异常现象，及时对症治疗。

三、人工授精

牛的人工授精目前是一门非常成熟的养殖技术，配种员可以通过直肠把握法用输精枪直接把精液输送到子宫内，以利于配妊。该法可以充分利用优良种公牛，便于生产管理和生产效益最大化。人工授精技术的关键点是输精时间把握、精液质量的保证和输精操作的规范（表5-1）。

（一）输精时间

母牛在早晨接受爬跨，应在当日下午输精，若次日早晨仍接受爬跨应再输精1次；母牛下午或傍晚接受爬跨，可推迟到次日早晨输精。如果输精员由本场人员担任，一般在第一次输精后12小时做第二次输精。如果是个体饲养的小群体，输精时间应更灵活些。

表5-1　发情征候与最佳配种时间的关系

	躁动期	静立强拉丝期	恢复期
爬跨	爬跨它牛	静立，接受它牛爬跨，爬跨它牛	拒绝它牛爬跨与爬跨它牛
行为	敏感，哞叫，躁动，多站立与走动，回首，尾随它牛，自卫性强	尾随、舔它牛，食欲减退，不安	恢复常态
阴户	略微肿胀	肿胀，阴道壁潮湿、闪光	肿胀消失
黏液	少而稀薄，拉丝性弱	量多，透明含泡沫，强拉丝性，丝可呈"Y"状	黏液呈胶状
持续时间	8±2小时	18小时	12±2小时
配种		最佳配种时期	

（二）输精部位

大量的试验证明，采用子宫颈深部、子宫体、排卵侧或排卵侧子宫角输精的受胎率无显著差异。当前普遍采用子宫颈深部

（子宫颈内口）输精。

（三）输精次数

冷冻精液输精，除母牛本身的原因外，母牛的受胎率主要受精液质量和发情鉴定准确性的影响。若精液质量优良，发情鉴定准确，1 次输精即可获得满意的受胎率。由于发情排卵的时间个体差异较大，一般掌握在 1~2 次为宜。盲目地增加输精次数，不但不能提高受胎率，有时还可能造成母牛某些感染，发生子宫或生殖道疾病。

（四）输精方法

1. 输精前的准备和注意事项

（1）牛的保定：奶牛输精通常不采用专门的保定措施，在牛舍简单保定后直接输精。

（2）输精人员准备：尽量左手把握，指甲剪短磨平，手臂上无伤口。戴上长臂手套，用肥皂润滑手臂。或用新洁尔灭液消毒右手臂与输精牛的外阴部，然后用水清洗牛外阴部，不能有粪便等污物，之后用卫生纸擦干消毒液。

（3）精液解冻后装入输精枪，套好塑料外套管。

2. 解冻精液

解冻所需器材：恒温水浴锅（可用烧杯或保温杯结合温度计代替）、镊子、细管钳、输精器及外套管。

用镊子从液氮罐中取出细管冷冻精液，由液氮罐提取精液，精液在液氮罐颈部停留不应超过 10 秒，储精瓶停留部位应在距颈管部 8 cm 以下。从液氮罐取出精液到投入保温杯时间尽量控制在 3 秒以内。

直接投入 37 ℃水浴锅（或用温度计将保温杯水温调整至 37 ℃），摇晃致完全溶解。也可在水浴加温至（40±0.2）℃解冻，将细管冷冻精液投入 40 ℃水浴环境解冻 3 秒左右，待一半精液溶解以后拿出使其完全溶解。

将解冻好的细管冷冻精液装入输精枪中，封口端朝外，再用细管钳将细管从露出输精枪的部分剪开，套上外套管，准备输精。

（五）输精操作

牛的输精主要采用直肠把握法。

（1）左手大拇指置于手心，五指并拢深入直肠。如有粪便影响操作时，可先掏出粪便。若母牛努责过甚，可采用喂给饲草、捏腰、拍打眼睛、按摩阴蒂等方法使之缓解。若母牛直肠呈坛状，可用手臂在直肠中前后抽动以促使松弛。

（2）左手通过直肠把握住牛的子宫颈，右手调整输精枪位置进入子宫颈。输精枪头先朝斜上方进入阴道，防止输精枪进入尿道；输精枪再转平向前，直到抵达子宫颈口，也可先左手辅助将输精枪头深入阴道，再把握子宫颈，可减少输精枪头部的污染机会；当输精枪枪头抵达子宫颈口时，左手调整子宫颈口方向，让输精枪枪头进入子宫（图5-3）。

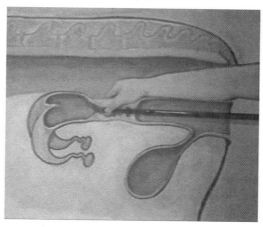

图5-3　牛直肠把握输精示意图

（3）输精枪枪头穿破塑料外套膜，当确认输精器进入子宫体时，应向后抽退一点，勿使子宫壁堵塞住输精器尖端出口处，缓慢地、顺利地将精液注入，然后轻轻地抽出输精器。

（4）右手拿出输精枪，左手在子宫体继续按摩1分钟，防止精液倒流出来。整个输精操作即完成。

（六）精液（细管冻精）品质检查

定期对细管冻精品质进行检查是保证受胎率的前提。细管冻精的检查主要是对精子活力的检查，对精液的密度（总精子数）和畸形率也要按批次进行检查。

牛的细管冷冻精液解冻后精子活力≥0.4或35%才可以用于人工授精。每个细管为0.25 mL，有效精子数不低于800万个，即按最低标准，有效精子不低于0.32亿个/mL。如果活力按0.4，每个细管的总精子数不能低于0.2亿个，即细管冷冻的精子密度不能低于0.8亿个/mL。牛冷冻精液解冻后畸形率≤18%才能用于人工授精。

四、繁殖管理

合理的母牛场繁殖管理可以缩短产犊间隔，增加母牛利用年限。这些年国内奶业发展迅速，肉牛场繁殖管理可以直接套用奶牛场的繁殖管理。

（一）繁殖管理流程

繁殖母牛发情配种→60天孕检→临产20天进产房→产犊及母子产后护理→产后60天检查子宫恢复→等待下轮发情。

孕检可使用兽用B超，产后子宫恢复直接关系到下轮发情配种，所以，发现子宫病应及时治疗。

（二）妊娠诊断

母牛配种后，应尽早进行妊娠诊断，可以防止母牛空怀，提高繁殖力。对未受胎的母牛，应及时补配；对已受胎的母牛，须加强饲养管理，做好保胎工作。

1. 外部观察法 母牛怀孕后，表现为发情停止，食欲和饮水量增加，营养状况改善，毛色润泽，膘情变好。性情变得安静、温顺、行动迟缓，常躲避角斗或追逐，放牧或驱赶运动时，常落在牛群之后。怀孕中后期腹围增大，腹壁的一侧突出，可触到或看到胎动。育成牛在妊娠 4~5 个月后乳房发育加快，体积明显地增大，而经产牛乳房常常在妊娠的最后 1~4 周才明显肿胀。外部观察法的最大缺点是不能早期确定母牛是否妊娠。

2. 直肠检查法 此法判定母牛是否怀孕的主要依据是怀孕后生殖器官的一些变化。这些变化因胎龄的不同而表现有所侧重，在怀孕初期，以子宫角形状、质地及卵巢的变化为主；在胎胞形成后，则以胎胞的发育为主；当胎胞下沉、不易触摸时，以卵巢位置及子宫动脉的妊娠脉搏为主。

母牛配种后 19~22 天，子宫变化不明显，如果卵巢上有发育良好的黄体，可怀疑已受孕。妊娠 30 天后，两侧子宫大小开始不一，孕角略为变粗，质地松软，有波动感，孕角的子宫壁变薄；空角较坚实，有弹性。用手握住孕角，轻轻滑动时可感到有胎囊，用拇指与食指捏起子宫角，然后放松，可感到子宫腔内有胎囊滑过。胎囊在 40 天时才有球形感，直径达 3.5~4 cm。但经产牛也易错判。妊娠 60 天后，孕角大小为空角的 2 倍左右，波动感明显，角间沟变得宽平，子宫向腹腔下垂，但依然能摸到整个子宫。妊娠 90 天，孕角的直径长到 10~12 cm，波动极明显；空角也增大 1 倍，角间沟消失，子宫开始沉向腹腔，初产牛下沉要晚些。子宫颈前移，有时能摸到胎儿。孕侧的子宫动脉出现微弱的妊娠脉搏。妊娠 120 天，子宫全部沉入腹腔，子宫颈越过耻骨前缘，一般只能摸到两侧的子宫角。子叶明显，可摸到胎儿，孕侧子宫动脉的妊娠脉搏已向下延伸，可明显感到脉动。妊娠 150 天，子宫膨大，沉入前腹腔区，子叶增长至胡桃核到鸡蛋大小，子宫动脉增粗，达手指粗细。空角子宫也增粗，出现妊娠脉搏。子宫动脉沿荐骨前行，在荐骨与腰椎交界的岬部前方，可摸到主动脉的最后一个分支，称髂内动脉。在左右两根髂内动脉的根部，顺子宫阔韧带下行，可摸到子宫动脉。子宫动脉是游离状的，仔细触摸不难找到。

本法是母牛妊娠诊断的一种最方便、最可行的方法。此法在妊娠的各个阶段均可采用，能判断母牛是否怀孕、怀孕的大体月份、一些生殖器官疾病及胎儿的存活情况。有经验人员可在配种后 40~60 天判断妊娠与否，准确率达 90% 以上。

3. 阴道检查法　牛怀孕后阴道黏液的变化较为明显，该方法主要根据阴道黏膜色泽、黏液、子宫颈等来确定母牛是否妊娠。母牛怀孕 3 周后，阴道黏膜由未孕时的淡粉红色变为苍白色，没有光泽，表面干燥，同时阴道收缩变紧，插入开张器时有阻力感。怀孕 1.5~2 个月，子宫颈口附近有黏稠黏液，量很少，3~4 个月后量增多变为浓稠，灰白或灰黄色，形如糨糊。妊娠母牛的子宫颈紧缩关闭，有糨糊状的黏液块堵塞于子宫颈口称为子宫颈塞（栓），它是在妊娠后形成的，主要起保护胎儿免遭外界病菌的侵袭，在分娩或流产前，子宫颈扩张，子宫颈塞溶解，并呈线状流出。所以阴道检查对即将流产或分娩的牛是很有必要的。而对于检查妊娠，虽然也有一定参考价值，但不如直肠检查准确。

4. B 型超声波诊断仪法　B 型超声波诊断仪法是目前最具有应用前景的早期妊娠诊断的方法。术前将母牛保定在保定架内，将尾巴拉向一侧，清除直肠内的宿粪，必要的话可对母牛进行灌肠，以方便检查。使用 5MHz 的超声波探头，将探头隐在手心中，在手臂和探头上涂润滑剂。手臂将探头送入母牛直肠内。怀孕 40 天左右的母牛，可在显示器上看到一个近圆形的暗区，即为母牛的胎胞位置，证明母牛已经妊娠。随着胎龄的增加，胎胞增大，形成的暗区也会增大。但超过 60 天，直肠检查比诊断仪更方便。

（三）奶牛分娩与助产

1. 预产期的推算　奶牛妊娠期一般为 280 天左右，相差 5~7 天为正常。生产上常按配种月份数减 3，配种日期数加 6 来计算预产期。若配种月份数小于 3，则直接加 9 即可。如某奶牛 2009 年 2 月 18 日配种受胎，则其预产期为：

月份：2+9=11（月），日期：18+6=24（日）

若用月-3 的方法来计算，需借 1 年（加 12 个月）再减。即 2+12-3=11（月）。由此得知，该母牛的预产期为 2009 年 11 月 24 日。

2. 分娩与助产

（1）母牛的临产征兆：产前半个月母牛的乳房开始膨大，并出现水肿，其水肿蔓延至整个乳房，且常常延伸至腹下。产前 1 周出现外阴水肿；产前 1~2 天阴道内流出大量的鸡蛋清样黏液，垂于阴门外。此时，母牛具有典型的临产特征，即骨盆韧带松弛，骨盆腔开张，从母牛臀部可清楚地观察到骨缝松开的塌陷痕迹，尾根双侧肌肉明显塌陷。多数母牛临产前神情不安，食欲下降，弓腰举尾，频频排尿，回头观腹，哞叫并频繁努责。

（2）母牛的分娩过程：母牛的整个分娩过程可分为 3 个阶段，即开口期、产出期和胎衣排出期。

1）开口期：从临产母牛阵缩开始，至子宫颈口完全开张为止。一般开口期持续时间约 6 小时，初产牛时间较长，经产牛时间稍短。此时母牛表现轻微不安，食欲减退，反刍不规则，尾根频举，常作排尿姿势，不时排出少量粪尿。

2）产出期：从胎儿前置部分进入产道，至胎儿娩出为止。产出期持续时间为 0.5~4 小时，初产牛时间稍长。此时母牛随着阵缩和努责的相继出现，并因阵痛表现不安，起卧不定，频频弓腰举尾作排尿状，不久即可出现第一次破水，常常先出现外层呈紫色的尿膜囊，待破裂后即可出现白色水泡（羊膜囊），羊膜囊随着胎儿向外排出而破裂，流出浓稠、微黄的羊水。母牛继续努责，使得胎儿前肢伸出阴门外，经多次反复伸缩并露出胎头后，母牛出现第二次破水，尿膜囊破裂，流出黄褐色液体。伴随母牛的不断阵缩和努责，整个胎儿顺产道滑下，脐带则自行断裂。产科临床上的难产即发生在产出期。难产常常由于临产母牛产道狭窄、分娩无力，胎儿过大，胎位、胎势、胎向异常等多种因素所造成。因此，要及早做好接产和助产准备。

3）胎衣排出期：从胎儿娩出到胎衣完全排出为止。此期持续时间为2~12小时，有的母牛持续时间还要更长。但胎衣排出时间不得超过12小时，过长为胎衣不下，应尽早采取治疗措施。

（3）助产：分娩是母畜正常的生理过程，一般情况下不需要助产而任其自然产出。但牛的骨盆构造与其他动物相比更易发生难产，在胎位不正、胎儿过大、母牛分娩无力等情况下，母牛自动分娩有一定的困难，必须进行必要的助产。

1）产前准备：产前应把产房打扫干净、消毒处理，铺垫干草，准备好清洗消毒用液、润滑液、产科绳等产科器械和工作服、胶围裙、胶鞋等。对母牛进行全身检查，尤其注意呼吸、精神状况、努责程度、外阴松弛情况等。

2）助产原则：助产的目的是尽可能做到母子安全，同时还必须力求保持母牛的繁殖能力。如果助产不当则极易引发一系列的产科疾病，因此在操作过程中必须严格遵循助产原则来处理。要根据难产原因确定助产方法，不能随便强拉或打针。胎位不正的要进行调整矫正，产力缺乏的可进行牵拉或注射催产素。

3）助产过程：①严格消毒。当母牛即将分娩时，用绷带缠好尾根，拉向一侧系于颈部。再将阴门、肛门、尾根及后躯擦洗干净，用0.1%高锰酸钾消毒。接产人员指甲剪短磨光，手臂消毒。② 胎位矫正。随着母牛的阵缩，胎包和胎儿逐渐进入产道，待破水后应通过直肠或阴道来检查胎位，胎位不正者应及时调整。③ 牵拉。若产程过长或产力不足，胎水已排出而胎头未露时，应及时牵拉。如一人牵拉有困难，可用产科绳套住胎畜的前肢或某一部位，助手帮助牵拉。牵拉时要配合母牛努责的节律，来确定牵拉的力量、方向和时间，不能持续用猛力，以免损伤产道，胎儿臀部将要排出时，应慢用力，以防子宫脱出；头部通过阴门时，应用手护住阴唇，避免撑破撕裂。④药物使用。产力不足者可配合注射催产素 8~10 mL，必要时 20~30 分钟后可重复注射一次。产道不滑润的，可注入消毒过的液状石蜡。⑤ 胎儿护理。当胎儿唇部或头部露出阴门外时，如果上面覆盖羊膜，可把它撕破，并把胎儿鼻孔内的黏液擦净，以利呼吸。⑥手术措施。矫正胎位无望以及子宫颈狭窄、骨盆狭窄，拉出确有困难的，可实行剖腹产术或截胎术（弃子保母），胎畜已死的同样采取截胎术。

五、奶牛繁殖新技术

1. 同期发情　同期发情又称同步发情，即通过利用某些外源激素处理，人为地控制并调整一群母牛在预定的时间内集中发情，以便有计划地合理组织配种。同期发情有利于人工授精的推广，按需生产牛奶，集中分娩组织生产管理。配种前可不必检查发情，免去了母牛发情鉴定的烦琐工作，并能使乏情母牛出现性周期活动，提高繁殖率；同时也是进行胚胎移植时对母牛必须进行的处理措施。

现行的同期发情技术主要有两种途径：一是通过孕激素药物延长母牛的黄体作用而抑制卵泡的生长发育和发情表现，经过一定时间后同时停药，由于卵巢同时失去外源性孕激素的控制，则可使卵泡同时发育，母牛同时发情；另一种是通过前列腺素药物溶解黄体，缩短黄体期，使黄体提前摆脱体内孕激素的控制，从而使卵泡同时发育，达到同期发情排卵。

（1）孕激素法：主要使用孕酮、甲孕酮、18甲基炔诺孕酮、甲地孕酮、氯地孕酮等。孕激素药物的使用方法有阴道栓塞法、埋植法、口服法和注射法。药物的使用剂量因药物种类、使用方法以及药物效价等不同而有差异。一般停药后2~4天，黄体退化，抑制发情的作用解除，达到同期发情。在停药当天，肌内注射促性腺激素（如孕马血清促性腺激素），或同时再注射雌激素，可以提高同期效果。

1）阴道栓塞法：栓塞物可用泡沫塑料块（海绵块）或硅橡胶环，后者是一螺旋状钢片，表面敷有硅橡胶的栓塞物，栓塞物中吸附有一定量的孕酮或孕激素制剂，每日释放量70 mg左右。借助开张器和长柄钳将栓塞物放置于子宫颈外口处，使激素释放出来。处理结束后，将栓塞物拉出，同时肌内注射孕马血清促性腺激素（PMSG）800~1 000 IU，以促进卵泡的发育和发情的到来。

孕激素的参考用量：18甲基炔诺孕酮100~150 mg，甲孕酮120~200 mg，甲地孕酮150~200 mg，氯地孕酮60~100 mg，孕酮400~1 000 mg。

孕激素的处理时间期限有短期（9~12天）和长期（16~18天）两种。长期处理后，发情同期率较高，但受胎率较低，短期处理的同期发情率偏低，而受胎率接近或相当于正常水平。如在短期处理开始时，肌内注射3~5 mg雌二醇和50~250 mg的孕酮或其他孕激素制剂，可提高发情同期化的程度。当使用硅橡胶环时，可在环内附一胶囊，内含上述量的雌二醇和孕酮，以代替注射，胶囊融化快，激素很快被组织吸收。这样，经孕激素处理结束后，3~4天内大多数母牛可以发情排卵。

2）埋植法：将一定量的孕激素制剂装入管壁有孔的塑料管

（管长 18 mm）或硅橡胶管中。利用套管针或专门的埋植器将药物埋入耳背皮下或身体其他部位。过一定时间在埋植处切口将药管挤出，同时肌内注射孕马血清促性腺激素 500～800 IU，一般 2～4 天内母牛即发情。

3）口服法：每日将一定量的孕激素均匀地拌在饲料内，连续喂一定天数后，同时停喂，可在几天内使大多数母牛发情。但要求最好单个饲喂比较准确，可用于舍饲母牛。

4）注射法：每日将一定量的孕激素作肌内或皮下注射，经一定时期后停药，母牛即可在几天后发情。此方法剂量准确但操作烦琐。

（2）前列腺素法：使用前列腺素或其类似物，溶解黄体，人为缩短黄体期，使孕酮水平下降，从而达到同期发情。投药方式有肌内注射和用输精器注入子宫内。多数母牛在处理后的 3～5 天发情。该方法适用于发情周期第 5～18 天卵巢上有黄体存在的母牛，无黄体者不起作用。因此，采用前列腺素处理后对有发情表现的母牛进行配种，无反应者应再作第二次处理。

前列腺素 F2α（PG F2α）的用量：国产 15 甲基前列腺素 F2α 子宫注入 1～2 mg，肌内注射 10～15 mg，国产氯前列烯醇子宫注入 0.2 mg，肌内注射 0.5 mg。在前列腺素处理的同时，如和孕激素处理一样，配合使用孕马血清促性腺激素或在输精时注射促性腺激素释放激素（GnRH）或其类似物，可使发情提前或集中，提高发情率和受胎率。

无论是采用哪种方法，在处理结束后，均要注意观察母牛的发情表现并及时输精。实践表明，处理后的第二个发情周期是自然发情，对于处理后未有发情表现的牛则应及时配种。

2. 超数排卵　超数排卵简称超排，就是在母畜发情周期的适当时间注射促性腺激素，使卵巢比自然状况下有更多的卵泡发育并排卵。

（1）超排的意义：

1）诱发产双胎：牛一个发情期一般只有一个卵泡发育成熟并排卵，授精后只产一犊。进行超排处理，可诱发多个卵泡发育，增加受胎比例，提高繁殖率。

2）胚胎移植的重要环节只有能够得到足量的胚胎才能充分发挥胚胎移植的实际作用，提高应用效果。所以，对供体母畜进行超排处理已成为胚胎移植技术程序中不可或缺的一个环节。

（2）超排方法：

1）用于超排的药物：用于超排的药物大体可分为两类：一类促进卵泡生长发育；另一类促进排卵。前者主要有孕马血清促性腺激素和促卵泡素；后者主要有人绒毛膜促性腺激素和促黄体素。

2）处理方法：超排处理的一般方法为在预计发情到来之前4天（即发情周期的第16天）注射促卵泡素或孕马血清促性腺激素，在出现发情的当天注射人绒毛膜促性腺激素。目前各国对供体母牛作超排处理的方法是在供母牛发情周期的中期肌内注射孕马血清促性腺激素，以诱导母牛有多数卵泡发育，两天后肌内注射前列腺素F2a，或其类似物以消除黄体，2~3天发情。

为了使排出的卵子有较多的受精机会，一般在发情后授精2~3次，每次间隔8~12小时。

影响超排效果的因素很多，有许多仍不十分清楚。一般不同品种不同个体用同样的方法处理，其效果差别很大。青年母牛超排效果优于经产母牛；产后早期和泌乳高峰期超排效果较差。此外，使用促性腺激素的剂量，前次超排至本次发情的间隔时间、采卵时间等均可影响超排效果。如反复对母牛进行超排处理，需间隔一定时期。一般第二次超排应在首次超排后60~80天进行，第三次超排应在第二次超排后100天进行。增加用药剂量或更换激素制剂，药量过大、过于频繁地对母畜进行超排处理，则不仅使超排效果差，还可能导致卵巢囊肿等病变。

3. 诱导分娩 诱导分娩亦称引产，利用外源激素模拟发动分娩的激素变化，调整分娩进程，促使其提前到来，产出正常的仔畜。这是人为控制分娩过程和时间的一项繁殖新技术。一般认为，诱导分娩可减少或避免新生仔畜和孕畜在分娩期间可能发生的伤亡事故，提高仔畜成活率，因为一方面，在高度集约化生产中，便于有计划地生产和组织人力、物力进行有准备的护理工作；另一方面，可将分娩控制在工作日和上班时间内，有利于加强监护措施。

前列腺素类药物和糖皮质激素类药物可用来诱导牛的分娩。雌激素也可有同样作用，但不如前两者。常用的前列腺素为PGF2a 或类似物氯前列烯醇 0.5 mg。

糖皮质类激素有长效和短效两种。长效可在预计分娩前 1 个月左右注射，用药后 2~3 周激发分娩。短效者能诱导母牛在 2~4 天内产犊。在母牛妊娠 265~270 天间，可使用短效糖皮质激素。如一次肌内注射 2 mg 地塞米松，即可达到诱导引产的目的，也可把长效和短效相结合来用。

使用糖皮质类激素诱导分娩的副作用较大，如新生犊牛死亡和胎衣停滞等问题。而单独使用前列腺素出现难产情况较多。使用催产素诱导母牛分娩，效果也不理想，只有当母牛体内催产素的受体发育起来后，用催产素才有效，而且只有子宫颈变松软之后才安全。诱导母牛分娩对肉牛生产意义较大，可调节产犊季节，让犊牛充分利用草场提高生产效益。但诱导分娩若缩短正常妊娠期一周以上，则犊牛成活率降低。因此，防止犊牛死亡与胎衣停滞，仍是解决诱导分娩技术应用的关键技术。

4. 胚胎移植 胚胎移植也称为借腹怀胎或人工受胎，是指将一头良种母畜配种后的早期胚胎取出，移植到另一头同种生理状态下同种动物母畜体内，使之继续发育为新的个体。

提供胚胎的母牛称为供体（提供者），接受胚胎的母牛称为受体（接受者）。胚胎移植所产生的后代遗传物质来自供体母畜和与之交配的公畜，而发育所需要的营养物质来自受体母畜。

（1）胚胎移植的意义：

1）提高优良母畜繁殖率，发挥优良品种遗传潜力。胚胎移植的供体母畜只提供受孕的卵，从而节省了妊娠所需的漫长时间；而且一般供体母畜每次能排出数枚受精卵，即每次可提供多个后代。据国外报道，一次处理母牛最多可生产20头健康犊牛。这样一头母牛一年可以产数十个自己的良种后代，一头优秀的母牛便可以迅速扩大一个优良种群。

2）加速品种改良进程，扩大良种畜群数量。在奶牛生产中，目前普遍推行人工授精，其目的是为了将优良公牛的遗传性状充分发挥出来，改变奶牛产奶潜力，而良种母牛一生中所生产的优良后代极为有限，在自然状态中仅有十几头。据研究表明，奶牛一生中卵巢会产生数百个卵子，但在发育为成熟卵之前的不同阶段大部分都退化了。所以利用超排技术可诱发多个卵母细胞同时发育为成熟卵子，这样采用胚胎移植便会使母牛的后代成数倍增加。

3）诱发产双犊：可通过胚胎移植让受体母牛两侧子宫内均有胎儿发育，可以一个为自身的，另一个为移植的；也可以两个都是由外移入的。但此项技术多用于肉牛和肉羊。

4）保存品种资源和异地发育的需要：从供体取出的胚胎可以通过冷冻长期保存，从而使优良母畜的性状得以缓慢长期延续，也可以代替种畜的引进和异地发育。这样做是胚胎移植可以全面推广的依据。

5）克服优良种畜不孕难育、易流产的缺陷：使其受精卵借腹产犊。

6）利用当地廉价黄牛、杂交牛和产奶潜力小的牛生产优秀的良种奶牛。

（2）胚胎移植的方法：

1）供、受体牛的选择：供体牛应是具有优良遗传种用价值和经济性能好的纯种牛。年龄一般在 2～8 周岁、健康、无遗传疾病、营养状况良好、繁殖机能旺盛的母牛。产后 60 天以上，至少有二次发情记录，并且发情周期正常的母牛。生殖器官正常，无疾病。受体牛年龄一般在 3～8 岁、健康、无疾病、营养状况良好、繁殖机能旺盛的母牛。直检生殖器官正常。即子宫、卵巢发育良好，没有难产史，体格较大。

2）做好受体牛与供体牛同期发情处理。

3）供体牛超数排卵处理。

4）供体牛发情鉴定：鉴定及配种对发情供体母牛进行 2～3 次人工授精，间隔 8～10 小时一次。

5）胚胎采集：配种后 4～8 天，利用特制冲胚液采用非手术法将胚胎从输卵管或子宫角中冲洗出来，由于此时早期的胚胎是游离的，靠自身营养生存，所以可以通过冲洗得到大量的早期胚胎。

6）胚胎的检验、保存和短期培养：在显微镜下对胚胎进行鉴定分级，优秀胚胎用于移植，如果胚胎当天使用不完，可把胚胎按运输时的包装置于冰箱高温处（5～10 ℃），可保存 24 小时左右。

7）非手术法移植：把装有胚胎的细管封口一头用剪子剪掉后，装入移植枪内，并在枪外套上灭菌塑料膜保护套。助手将阴唇扒开，术者把移植枪插入阴道，当枪前端到达子宫颈外口时，助手把保护套抽到阴门附近。术者将移植枪经子宫颈轻轻插入有黄体的一侧子宫角（越靠前越好），然后推进枪芯，将移植枪抽出。移植胚胎后的受体，50～90 天后可直肠检查认定受胎与否。

第六部分　肉牛的饲养管理

一、肉牛生产体系

（一）国内外肉牛生产体系的现状

1. 肉牛品种趋于大型化，良种化程度不断提高　科技进步促进了世界肉牛业的迅猛发展，体小、早熟、易肥的小型品种随着人们消费习惯的变化而被逐渐淘汰，人们逐渐转向欧洲的大型品种，如法国的夏洛来、利木赞，意大利的契安尼娜、皮埃蒙特等，这些品种体型大、初生重大，增重快、瘦肉多、脂肪少、优质肉块比例大、饲料报酬高，深受国际市场欢迎。据法国有关专家一项研究表明，夏洛来牛饲料报酬最佳，每千克牛肉仅用6.92个饲料单位，其他法国品种则在7.50~7.66。

西方国家大多实行开放型育种或引进良种纯繁，特别注意对环境适应性的选择，且多趋向于发展乳肉或肉乳兼用型品种，如西门塔尔牛、兼用型黑白花牛、丹麦红牛等。东方国家如中国、韩国、日本等多采用导血杂交，比较重视保持本国牛种的特色，如韩国的韩牛、日本的和牛等，采用导血改良，发挥杂交优势。

2. 利用奶牛生产牛肉　奶牛是利用植物性饲料转化成动物性蛋白质和脂肪效率最高的家畜，而肉牛对饲料中热能和蛋白质的转化率较低。因此，近年来国外流行一种新的提法，即"向奶牛要肉"，生产奶肉牛和奶牛肉。奶牛在世界总牛数中占有较大比例，其中可繁母牛占 70%（欧洲最高达 90%）。由奶牛群生产牛肉的主要途径有大部分不作种用的奶公犊、淘汰母牛、部分低产母牛；此外一些牛奶生产过剩的国家（主要是欧洲一些国家）把其中部分繁殖奶用母牛与肉牛公牛杂交，其后代作肉牛生产。

3. 充分利用青粗饲料和农副产品育肥　养肉牛要比养奶牛难获利，因此，要维持肉牛经营，就必须利用非农业用地放牧或大量青干草和其他青粗饲料，如秸秆、糖渣、酒糟等，并补充少量精饲料和各种添加剂，以弥补营养不足，到育肥后期，加料催肥，这是一般饲养方式。近些年来，人们逐渐认识到，利用青贮饲料，尤其是用全株玉米制成的青贮饲料来育肥肉牛是有利的。在美国实施奖励政策喂青贮饲料，在日本养牛喂青贮饲料被作为法律条款规定下来。据对春、夏、秋、冬不同季节出生的犊牛以玉米青贮饲料为主四种育肥模式调查研究，结果表明，从土地利用性、嗜口性、育肥牛增重上来看，玉米青贮饲料是最适于肉牛的饲料。据德国对用玉米、甜菜叶、牧草三种不同原料制成的青贮饲料育肥肉牛，日增重均在 1 000 g 以上。因而用青贮饲料育肥肉牛可降低成本，提高效益，应用前景广阔。目前英国喂肉牛青贮饲料占 65.9%，美国占 50.7%。

4. 发达国家肉牛集约化生产水平高　国外一些肉牛业发达国家，在肉牛发展过程中，从纯繁、商品肉牛生产，逐步实现了集约化、工厂化、专业化生产管理体系，养牛规模不断扩大。如加拿大肉牛生产主要由两部分组成，即牛犊生产者及饲养者，前者提供犊牛，后者生产育肥牛，饲养方式多采取工厂化、集约化的育肥方法。在澳大利亚，一个养牛站拥有 10 360 km² 草场，饲养 5 万头牛是很普遍的。美国肉牛生产分为商品犊牛繁殖场，以饲养母牛、种公牛为主，繁殖的犊牛除一定比例作为后备母牛外，其余全部在 6 月龄断奶后出售；而育成牛场收购断奶体重不足 320 kg 犊牛，经 2~3 个月饲养（靠放牧或补精料），体重在

320 kg 以上者出售给强度育肥牛场，再经 100 天左右的育肥，体重达 450~500 kg 出售屠宰。美国的肉牛业，户养 2 000~5 000 头为中等规模，大户则养 30 万~50 万头，提供市场上 75% 以上的牛肉。养肉牛实现工厂化生产，从投料、清粪、供水、疾病诊治到饲料配方、营养分析等过程都实现了自动化或机械化。美国现有 7.7 万~50 万头的大型肥育场 20 个，年总生产能力 250 万头，主要分布在美国的 7 个州。

（二）我国肉牛生产体系

现阶段我国肉牛业仍以传统农户分散的小规模散养为主要方式，是肉牛产品的主要来源，无论在饲养量上还是在出栏肉牛方面都占 90% 以上，而专业户饲养及规模化饲养场这两种类型所占比例很小。但从发展趋势看，我国肉牛业的专业化程度也在稳步提高。1987 年我国有畜禽专业养殖户 93.5 万户，其中养大牲畜 14.4 万户（主要是养牛户），到 1994 年我国各类畜牧专业户 513.3 万户，养大牲畜户达 72.9 万户。尤其到 20 世纪 90 年代，人们商品经济意识增强，"秸秆养牛"兴起，促进肉牛饲养专业户的数量迅速增加，甚至出现了饲养几百头牛的专业大户。我国养殖业正处于由传统生产向专业化生产的过渡阶段。对此应该一方面继续重视农户生产问题，以保持生产稳定，另一方面积极支持专业户生产，促进专业化、规模化的进程。

1. 草原肉牛生产体系　指肉牛生产的一切环节均在草原进行，即繁殖母牛在草原饲养，所产犊牛亦在草原饲养，并一直饲养到出栏屠宰。基本采用放牧补饲方式，其生产性能与草地的质量有极为重要的关系。一般来讲效率较低，牛只出栏晚，产肉量低，肉质也较差（6-1）。

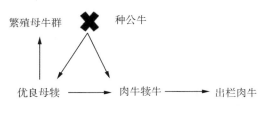

图 6-1　草原肉牛生产体系

2. 农区肉牛生产体系　指农民饲养的母牛繁殖出犊牛后继续饲养，直到出栏屠宰。这又可分为几种方式：

方式一：犊牛育肥直至出栏都在农民家中以半放牧半舍饲或基本全舍饲的方式饲养（图 6-2）。

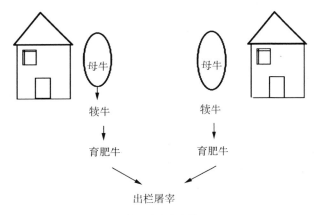

图 6-2　农区肉牛生产体系（一）

方式二：犊牛在农民家中养到一定体重后集中到肥育场后出栏屠宰，但肥育场也在当地。此种方式较方式一为好（图 6-3）。

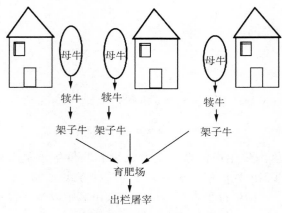

图6-3 农区肉牛生产体系（二）

3. 异地育肥生产体系 指草原地区生产的犊牛和农区生产的犊牛在当地饲养到架子牛阶段，采用某种方式将架子牛转移到异地的肉牛场集中肥育。集中肥育的肉牛场多在气候、饲养、销售条件较好的地区，生产效率较高（图6-4）。

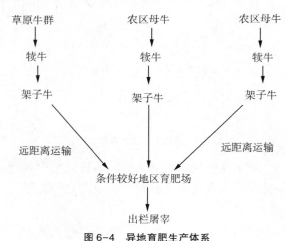

图6-4 异地育肥生产体系

二、育肥方式及管理技术

（一）育肥方式

1. 乳犊肥育（小牛肉生产） 犊牛出生后用初乳喂养 3 ~ 5 天，然后全部用全乳或代乳粉喂至 12 ~ 16 周，有的到 22 周体重达 130 ~ 180 kg 时屠宰，此种生产方式称乳犊肥育或小牛肉生产。因屠宰年龄小，全乳或代乳粉中缺乏铁元素，所以小牛肉色泽较淡，又称小白牛肉。其特点为柔嫩多汁，肉色较淡，是一种高档营养食品。小牛肉生产成本较高，所以肉的销售价格十分昂贵。进行乳犊肥育的关键是产品要有稳定的销路，否则会造成经济损失（图 6-5）。

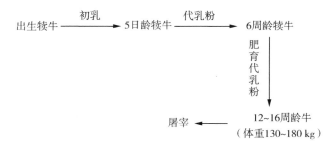

图 6-5 乳犊育肥（小牛肉生产）方式

2. 周岁牛肥育（持续肥育） 指犊牛断奶后直接进行肥育，采取舍饲方式，给以高营养水平，获得较高的日增重 1.0 kg 以上，12 ~ 13 月龄时体重达 400 kg 以上屠宰。此种肥育方法由于在牛的生长旺盛阶段采用强度肥育，使其生长速度和饲料转化效率的潜力得以充分发挥，日增重高、饲养期短、出栏早、饲料转化效率高、肉质也好（图 6-6）。

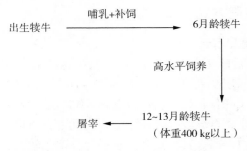

图6-6　周岁牛育肥（持续育肥）方式

3.1.5~2.5岁牛肥育（架子牛肥育）　犊牛断奶后采用中低水平饲养，使牛的骨架和消化器官得到较充分发育至14~20月龄体重达250~300 kg后进行肥育，用高水平饲养4~6个月体重达400~450 kg屠宰。这种肥育方式可使牛在出生后一直在饲料条件较差的地区以粗饲料为主饲养相对较长的时间，然后转到饲料条件较好的地区肥育，在加大体重的同时，增加体脂肪的沉积，改善肉质（图6-7）。

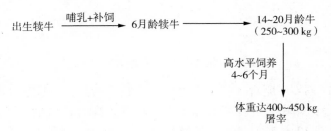

图6-7　1.5~2.5岁牛育肥（架子牛育肥）方式

4. 成年牛肥育　因各种原因而淘汰的乳用母牛、肉用母牛和役牛一般年龄较大，肉质较粗，膘情差，屠宰率低，因而经济价值较低。如在屠宰前用较高的营养水平进行2~4个月的肥育，不但可增加体重，还可改善肉质，大大提高其经济价值。这种淘汰牛在屠宰前所进行的肥育称成年牛肥育。这类牛在肥育前应进行详细检查，认定其确有肥育价值才可肥育。如牛的年龄太大或患有严重影响肥育效果疾患的不应进行肥育。肥育时间亦不宜过长，否则会得不偿失。

5. 草原地区放牧肥育 草地牧草的生长具有明显的季节性特点，春季牧草萌发，但产量较低，夏秋季不但产草量高，质量也较好，冬季则气候寒冷，牧草枯黄，有时被雪覆盖。我国草原黄牛多 5~8 月配种，次年 3~6 月产犊。要想充分合理利用草地资源以进行肉牛生产须采用如下措施：母牛在妊娠后期进行补饲促进胎儿发育，哺乳期补饲提高其泌乳量，同时犊牛在哺乳后期亦应补饲以加快生产，冬季舍饲以使其顺利越冬和抵抗寒冷的消耗，在第二年入冬前将牛出售，以尽量避免冬季饲草不足和恶劣天气给牛造成的不良影响和给生产者造成的压力。

（二）育肥技术

1. 架子牛的选择 西门塔尔、夏洛来、利木赞等纯种肉牛与本地牛的杂交后代，年龄在 1.5~3.0 岁体重在 300~400 kg。健康无病，骨架较大，但膘情较差。公牛最好，阉牛次之，不选母牛。

2. 阶段性饲养

（1）过渡驱虫期：前 15 天驱除体内外寄生虫使牛适应从以粗饲料为主的日粮到以精饲料为主的日粮的过渡。

（2）肥育前期：第 16~60 天，日粮粗蛋白含量 11%~12%，精粗比为 60：40。

（3）肥育后期：第 61~120 天，日粮粗蛋白水平 9%~10%，精粗比为 70：30。

3. 育肥牛的管理要点

（1）按牛的品种、体重和膘情分群饲养，以便于管理。

（2）日喂两次，早晚各一次。精料限量，粗料自由采食。

饲喂后半小时饮水一次。限制运动。

（3）搞好环境卫生，避免蚊虫对牛的干扰和传染病的发生。

（4）气温低于 0 ℃时，应采取保温措施，高于 27 ℃时，采取防暑措施。夏季温度高时，饲喂时间应避开高温时段。

（5）每天观察牛是否正常，发现异常及时处理，特别注意牛只的消化系统的疾病。

（6）定期称重，及时根据牛的生长及其他情况调整日粮，对不增重的牛或增重太慢的牛及时淘汰。

（7）膘情达一定水平，增重速度减慢时应及早出栏。

三、妊娠母牛饲养管理技术

（一）妊娠母牛的饲养

妊娠母牛饲养管理的基本要求：体重增加、代谢增强、胚胎发育正常、犊牛初生重大、产后生活力强。母牛妊娠后，不仅本身生长发育需要营养，而且还要满足胎儿生长发育的营养需要和为产后泌乳进行营养蓄积。母牛怀孕前 5 个月，由于胎儿生长发育较慢，其营养需求较少，可以和空怀母牛一样，以粗饲料为主，适当搭配少量精料。如果有足够的青草供应，可不喂精料，母牛妊娠到中后期应加强营养，尤其是妊娠的最后 2~3 个月，应按照饲养标准配合日粮，以青饲料为主，适当搭配精料，重点满足蛋白质、矿物质和维生素的营养需要。蛋白质以豆饼质量最好，棉籽饼、菜籽饼含有毒成分不宜喂妊娠母牛；矿物质要满足钙、磷的需要，维生素不足还可使母牛发生流产、早产、弱产，犊牛生后易患病，因此需再配少量的玉米、小麦麸等谷物饲料。同时，应注意防止妊娠母牛过肥，尤其是头胎青年母牛，以免发生难产。

（二）合理的管理

母牛在管理上要加强刷拭和运动，特别是头胎母牛，还要进行乳房按摩，以利产后犊牛哺乳。舍饲妊娠母牛每日运动 2 h 左右。妊娠后期要注意做好保胎工作。与其他牛分开，单独组群饲养，严防母牛之间挤撞。雨天不放牧，不鞭打母牛，不让牛采食幼嫩的豆科牧草，不在有露水的草场上放牧，不采食霉变饲料，不饮脏水。

四、犊牛饲养管理技术

犊牛是指从出生到 6 月龄的哺乳牛。犊牛饲养水平的高低，管理的好坏将直接影响成年牛的生长发育和生产性能。1 个月内的牛主要是以母乳为营养来源。大约从 2 周龄开始学吃草料，随着瘤胃、网胃和瓣胃的迅速发育，消化功能不断完善、采食的草料不断增加，犊牛逐渐由依靠母乳生活过渡到以饲草料为主。

（一）初生犊牛的护理

犊牛出生后，首先应清除口腔和鼻镜内的黏液，以免影响呼吸而导致窒息，其次要擦净牛体黏液，特别是外界环境温度较低时，更要及时进行，以免犊牛受凉。最后是断脐带，在擦净犊牛体躯后，往往自然扯断脐带，或者在距犊牛腹部 10~

图 6-8　将初生犊牛置于适宜的环境

15 cm 处剪断脐带并挤出脐带中黏液，然后用碘酊充分消毒，防止发生脐炎。正常情况下，脐带在出生后 1 周左右干燥脱落，否则可能发生脐炎，应及时治疗（图 6-8）。

（二）犊牛的哺育

1. 早喂初乳　母牛分娩后 5~7 d 分泌的乳汁叫初乳。初乳期一般为 4~7 d，结束后应转入犊牛群，用混合乳饲喂。犊牛出生后，必须在 2 h 内哺食初乳，越早越好。因犊牛后天免疫力有70%以上是通过初乳而得。做法：用中指、食指置桶内乳中倾斜让犊牛吮吸舔饮，3~5 d 习惯后，犊牛可自行舔饮。初乳的作用：一是能提高对病菌的抵抗力；二是能满足生长发育的营养需要；三是有利于犊牛胎粪的排出。喂量：按犊牛体重的1/5~1/6确定喂量，分三次喂之。温度：水浴加热到35~38 ℃。切记：不可让犊牛自行吸吮乳头（图6-9）。

图6-9 让犊牛尽早吃上初乳

2. 哺喂常乳 肉用犊牛常采用母牛直接哺乳的办法（图6-10），30日龄内的犊牛营养来源主要为母乳，因此应养好母牛。也可采用人工哺乳。

图6-10 犊牛随母牛哺乳

3. 适时补饲青粗饲料及精料 一般来讲，母牛泌乳能满足 3 月龄内犊牛生长发育的营养需要。犊牛在出生后 20 d 左右开始出现反刍，50 d 左右瘤胃微生物区系已经初步形成，具备一定的消化植物性饲料的能力，7~10 d 开始训练犊牛采食精料。精料最好是专门配制的犊牛料，精料补饲量应由少到多，逐渐增加。开始时每天每头可喂 15~25 g，1 月龄后可增加到 250~500 g（图 6-11）。

图 6-11 犊牛栏内设有粗料槽、精料盆和饮水盆

4. 保证清洁充足饮水 从犊牛出生后第一天开始就要供给清洁的饮水，让其自由饮用，特别是在补饲期间，犊牛的饮水量更大，保证饮水的供应，能促进犊牛增加采食量。饮水最好是自来水或井水，不可饮用污水、废水和泥塘水。冬季忌饮冰碴水，最好饮用温水。

5. 犊牛早期断奶 早期断奶是指将犊牛的哺乳时间缩短至 2 个月内，减少哺乳量，这是提高犊牛成活率的方法。大量试验证明，延长哺乳时间增加哺乳量可提高犊牛的日增重和断奶重。但不利于犊牛消化器官的生长发育和机能锻炼，而且影响母牛的健康体况和生产性能。

五、奶公牛饲养管理技术

奶公牛作为牛肉生产的重要资源，国内奶牛养殖企业从事奶公牛养殖用于牛肉生产的项目越来越多。其自身存栏大量的母牛，在不断地配种妊娠产犊产奶的过程中，每一个产犊季都有将近一半的犊牛为公犊牛（公犊牛数量很大程度上取决于是否使用性控冻精），这些奶公犊牛对于奶牛养殖企业来说是"废物"，但对于牛肉生产来说却是巨大的资源。许多企业都将饲养荷斯坦奶公牛用于牛肉生产作为一个重要的投资项目，比如辽宁辉山、北京三元、上海光明、山东澳亚加发、宁夏壹加壹、内蒙古福瑞锦等，纷纷上马了奶公犊育肥项目。

（一）荷斯坦奶公牛特点

相比传统的肉牛品种来说，奶公牛有如下特点：

（1）奶公牛阉割之后性情温顺，喜爱玩耍，但是如果不阉割的话，公牛可能攻击性强，非常危险；奶公牛耐热性更好，但耐寒性较差。

（2）奶公牛采食过程中容易挑食；更容易发生胀气、代谢疾病和爬跨；奶公牛发生肝脓肿和酸中毒的风险更大，但蹄叶炎风险更小。

（3）很难进行赶牛，因为荷斯坦奶公牛喜欢跟着人走。

（4）荷斯坦奶公牛骨架更大，采食量更高，排粪更多，单头牛所需空间也更大；奶公牛饮水量更大，排尿更多，因此舍内更潮湿。

另外，荷斯坦奶公牛阉割后增重效率较易预测，呼吸道疾病更少；并且基因来源相对较稳定，因此基因均一性更好；眼肌面积和大理石纹沉积等胴体品质性状较好，皮下脂肪含量较低。

（二）奶公犊牛饲养（出生—断奶）

奶公犊牛饲养管理与母牛犊基本无异，稍作概括如下：

1. 初乳 饲喂初乳的重要性无须详述。在保证初乳质量的前提下，还需关注以下几点：

出生 2 小时内饲喂初乳；最好是牛场自己的初乳，以犊牛自身母亲的初乳最佳；出生 24 h 内初乳饲喂量为初生重的 12% ~ 15%，或饲喂 250 g IgG；温度在 38~40 ℃（图 6-12）。

图 6-12　初生犊牛

2. 代乳粉 将水、粉按一定比例混合（一般为 1 kg 代乳粉加 8 L 水，即 125 g/L 水），按厂家推荐量饲喂（图 6-13）。

图 6-13　代乳粉

3. 饮水 保证犊牛能够 24 h 自由饮水，并且饮水干净充足，至少做到每天更换（图6-14）。

图6-14 饮水

4. 颗粒型开口料 颗粒型开口料一般用谷物、蛋白以及预混料制粒而成，蛋白含量一般在20%~22%（干物质水平）。饲喂颗粒型开口料既有利于犊牛瘤胃的发育，也同时提前为断奶做准备。尽管犊牛在2周龄内颗粒采食量较小，但从3~4日龄开始即需饲喂颗粒料，饲喂时需要每天更换。颗粒型开口料应适口性好，太过干燥、粉尘多以及发霉的颗粒料会在料桶中凝成团，或者在犊牛嘴上结块（糊在嘴上），这些都会降低采食量。在颗粒型开口料中添加液态糖蜜，既增加适口性，又能够减少粉尘，提高制粒效果。

5. 牧草 不同于母犊牛的是，虽然饲喂牧草有利于瘤胃的健康发育，但是一般断奶之后颗粒料采食量达到2~2.5 kg才饲喂牧草。某些特殊情况下必须在断奶前饲喂时，可以从3周龄开始饲喂牧草，但需要严格控制牧草采食量，以提高颗粒料的采食量，从而维持增重水平，因为即便高质量牧草的代谢能也只是优质颗粒料的70%。

6. 断奶 荷斯坦奶公犊牛断奶月龄一般在 2 月龄，体重应达到初生重的 2 倍。断奶后从犊牛岛转入小群饲养，也可断奶前转入小群，但需保证小群中每头犊牛的吃奶量（图 6-15）。

图 6-15 断奶过程中补充常乳

7. 垫草 需保证垫草干净、干燥，并达到一定厚度（推荐 15~20 cm）。犊牛皮毛结块有粪污都会影响增重（图 6-16）。

图 6-16 犊牛及时更换垫草

8. 干燥和通风 引起犊牛死亡最常见的两种疾病是腹泻和

肺炎，这两种疾病或多或少都与干燥和通风工作不到位有关，其重要性不再多做陈述。

荷斯坦奶公犊牛饲养的关键在于：初乳饲喂、代乳粉和颗粒料采食量、饮水，以及犊牛岛或牛舍的垫草干燥和通风。

（三）奶公牛生长期饲养（断奶至 5、6 月龄）

生长期日粮为 TMR 日粮，蛋白水平一般为 15%~17%（干物质基础），多采用高精料日粮，精料水平可以达到 80%~90%（干物质基础），目的在于将增重效率最大化。日粮需混合均匀，以保证增重效率。采用一日多次投料（二次或三次）。由于犊牛断奶时日粮为颗粒型开口料，无牧草或者牧草采食量很低，因此完成饲喂生长期 TMR 日粮前需要 2~3 周的过渡期。过渡方案为料槽内同时供应颗粒料和 TMR 日粮（无须将两者混合），逐步降低颗粒料供应，同时逐步增加生长期 TMR 日粮供应，直到全部饲喂 TMR 日粮。具体方案可以根据牛场实际情况而定。

（四）奶公牛育肥期饲养（5、6 月龄至出栏）

1. 牛舍管理　在牛舍管理方面，荷斯坦奶公牛与肉牛品种不尽相同。相比肉牛品种来说，荷斯坦奶公牛骨架更大，单头牛所需空间也更大；同时采食量更大，饮水量也更多，造成排尿更多，因此牛舍更潮湿，并且氨浓度也更高。采食量更大也会造成排粪更多，因此在牛舍设计时需考虑更易清粪。相比肉牛品种，荷斯坦奶公牛很容易烦躁，爬跨也更多，更大的活动空间（较小的存栏密度）能够减少爬跨和相互攻击。另外，荷斯坦品种牛皮薄、外围脂肪少，因此更喜欢温暖、干燥的气候。荷斯坦品种经过长期对于高产奶量的选育，造成代谢产热更多，导致其维持能量需要比肉牛品种更高，高精料育肥时间相对更长。

2. 营养管理

（1）能量：育肥日粮的能量密度越大，牛只的增重性能越好。育肥日粮的高能量密度通常用高浓度的谷物来实现，常用的谷物原料有玉米、高粱和小麦等。大豆是唯一一种比蒸汽压片玉米净能更高的谷物，但是价格过高，不适合用于肉牛饲料。另外，加工方式直接影响谷物的能量水平，以玉米的净能水平为例，蒸汽压片玉米>高湿玉米>粉碎玉米。由于奶公牛高精料育肥状态持续时间更长，并且育肥日粮整体采食量更大，饲喂高精料育肥日粮会造成牛群健康问题，最为常见的代谢紊乱症是酸中毒和肝脓肿。日粮添加 3%～3.5% 的脂肪，对采食量影响不大，却能提高日粮净能浓度，提高日增重、饲料转化率、胴体重和屠宰率，加上玉米脂肪含量在 3.1%～4.3%，因此育肥日粮脂肪含量一般在 6.5%～7.5%（干物质基础）。但是我国反刍动物饲料不允许使用动物性来源的饲料，并且植物脂肪产品价格相对较高，因此是否添加脂肪还需做好性价比分析。另外可以利用脂肪含量较高的饲料原料，如棕榈粕、DDGS 和酒糟等。

（2）蛋白质：育肥日粮的蛋白质含量通常在 12.5%～14.4%，尿素添加水平一般为 0.5%～1.5%。一般来说，随着牛只越发接近体成熟状态，所需日粮的蛋白质浓度逐步降低。推荐体重在 136～318 kg 的荷斯坦奶公牛，所需日粮蛋白水平约 14%（干物质基础）；体重为 318～534 kg 之间时，日粮蛋白水平为 13%～13.5%（干物质基础）；体重为 534～602 kg 时，日粮蛋白水平为 12%～12.5%（干物质基础）。

（3）离子载体：羧基多醚类离子载体是多种链霉菌属菌株的代谢产物，包括莫能菌素、拉沙洛西钠、沙利菌素和甲基盐霉素等。离子载体最初用于家禽生产的球虫抑制药。现在离子载体，特别是莫能菌素，已广泛应用于肉牛生产中。上述离子载体中，中国农业部公告 168 号批准使用的三种中只有莫能菌素可以用于肉牛生产。莫能菌素用量一般在 28～40 mg/kg，能够提高饲料转化率和瘤胃能量代谢效率，促进氮代谢，加速增重；可以减少酸中毒和胀气等代谢紊乱问题，减少排粪和饮水消耗。

如果将荷斯坦奶公牛先饲喂高粗料日粮进行拉架子，再进行育肥，这种育肥方式不仅会导致奶公牛拉架子期的增重受限，还会使得架子拉起来之后，牛只维持所需能量大幅提高，从而导致增重效率降低，出栏时间延长，最终全期饲养成本反而更高。

第七部分　肉牛养殖场卫生防疫与保健

一、综合性卫生防疫措施

（一）影响肉牛健康的因素

1. 饲养管理因素

（1）饲养管理水平：管理水平差的牛场，存在问题较多，如不按牛的品种、性别、年龄、强弱、阶段等分群饲养，饲料不能统一安排，储备不足；随意改动和突然变换饲料，使牛瘤胃内环境经常处于变化状态，不利于微生物的高效繁殖和连续性发酵，常引发瘤胃积食、瘤胃弛缓等胃肠病和营养代谢病。

（2）日粮与营养：肉牛的饲养需针对不同的生产目的、生理阶段，制定出相应的饲养标准，然后根据饲养标准确定日粮的营养水平和精粗比例。这一过程是一个动态的平衡过程，可适当调整。片面追求增重使精粗比例失调，可导致瘤胃酸中毒、酮病等。

（3）环境卫生与饮水：设计合理的牛场，除应具备各种生产功能外，还应具备良好的卫生环境，以利于杜绝各种疾病的发生与传播。牛舍要阳光充足，通风良好。牛舍阴暗潮湿，运动场泥泞，牛只拥挤，粪便堆积，易引发多种呼吸道疾病、蹄病和皮肤病。牛每天需要大量的饮水，有条件的牛场，应设置自动饮水装置，给予充足清洁的饮水，保证牛体健康。

（4）定期驱虫：每年春秋两季应各进行一次全群驱虫。驱虫前应检查虫卵，弄清牛群内寄生虫的种类和危害程度，有目的地选择驱虫药。如不定期驱虫，会使牛体消瘦，生长发育缓慢，生产性能下降，严重的会暴发寄生虫病。

（5）消毒与防疫：通过消毒杀灭病原菌是预防和控制疫病的重要手段。有计划地给健康牛群进行预防接种，可有效抵抗相应的传染病。若消毒不严格情况下采取相应的防疫，会造成疫病流行，产生重大经济损失，甚至威胁人的身体健康。

2. 应激因素　应激是指牛体受到环境中的不良因素刺激所产生的应答反应，是机体对环境的适应性表现。环境应激一般会改变牛的生产性能，降低对疾病的抵抗力，故可增加疾病出现的概率。

（1）猝死性应激综合征：患畜食欲和精神正常，在很短时间内突然死亡，如急性瘤胃酸中毒。

（2）急性应激综合征：急性应激综合征多由营养缺乏、饲养管理不当或神经紧张等原因引起，如牛的胃溃疡。

（3）慢性应激综合征：慢性应激综合征的应激原作用微弱，但持续时间较长，反复出现，如热应激可使牛代谢机能异常，疾病抵抗力下降，从而易感染疾病。

（二）综合性卫生防疫措施

肉牛疫病的发生，可导致生产成本增加，给牛场带来巨大的经济损失，因此，综合性卫生防疫措施在肉牛的经营管理中占据重要的位置。肉牛场的综合性卫生防疫措施的核心是以防为主，防重于治。实施有效的卫生防疫措施，可大幅度控制各种疾病，提高产品的产量和质量，降低经济损失。

1. 牛舍环境控制　为了给肉牛创造适宜生长的环境条件，对牛舍应在合理设计的基础上，采用供暖、降温、通风、光照、空气处理等措施，对牛舍环境进行人工控制，并通过一定的技术与特定的设施来阻断疫病传播渠道，减弱舍内环境因子对肉牛个体造成的不良影响，获得最高的肥育效果和最好的经济效益。

（1）牛舍的温度控制：炎热的夏季，需通过降低空气温度，促进蒸发散热，缓和牛的热负荷。对牛舍可以采取搭凉棚、设计隔热屋顶，加强通风、遮阳、增强牛舍对太阳辐射热的反射能力等措施。冬季气候寒冷，应通过对牛舍的外围结构合理设计，来解决防寒保温问题，例如北方的塑料暖棚牛舍（图7-1、图7-2）。

图7-1　牛舍隔热

图7-2　塑料暖棚

（2）牛舍的湿度和有害气体控制：牛舍内的湿度过高和有害气体超标是构成牛舍环境危害的重要因素。有害气体来源于呼出的CO_2，舍内污物产生的NH_3、H_2S、SO_2等。牛体排泄物的水分是牛舍湿度升高的主要原因。要对舍内气体实行有效控制，主要途径就是通过通风换气，使牛舍内的空气质量得到改善。牛舍可设地脚窗、屋顶天窗、通风管等来加强通风。在舍外有风时，地脚窗可加强对流通风，形成穿堂风和街地风，可对牛起到有效的防暑作用。为了适应季节和气候的不同，在屋顶风管中应设翻板调节阀，可调节其开启大小或完全关闭，而地脚窗则应做成保温窗，在寒冷季节时可以把它关闭。此外，必要时还可以在屋顶风管中或山墙上加设风机排风，可使空气流通，加快热量和有害气体的排放（图7-3）。

图7-3　牛舍风机促进空气流通

（3）牛场的绿化：绿化可以美化环境，改善牛场的小气候，在盛夏，强烈的直射日光和高温不仅使牛的生产能力降低，而且容易导致牛发生日射病。有绿化的牛场，场内树木可起到良好的遮阴作用。当温度高时，植物茎叶表面水分的蒸发，吸收空气中大量的热，使局部温度降低，同时提高了空气中的湿度，使牛感觉更舒适。树干、树叶还能阻挡风沙的侵袭，对空气中携带的病原微生物具有过滤作用，有利于防止疾病的传播。绿化牛舍常用大青杨、洋槐、垂柳、紫穗槐、刺枚、丁香等。空闲地带还可种一些草坪和牧草，如三叶草、苜蓿草等（图7-4）。

图7-4　肉牛场的绿化带

2. 肉牛场防疫制度

（1）翔实的记录：记录工作包括以下内容。①犊牛情况记录，包括犊牛号、出生日期、性别、出生重、母号、父号、防疫情况、每个月增重情况。②后备母牛情况记录，包括防疫情况、既往病史与治疗措施，不同月龄、体重的发情、配种情况，妊娠检查结果。③生产母牛情况的记录，包括产奶量、配种和繁殖情况、产后至第一次发情的时间、每次发情配种的时间，妊娠检查的结果，每次产犊的情况；每次防疫项目和时间、发病情况及治疗措施；各种疾病的发病时间和危害情况、病因、用药治疗情况、死亡原因和时间等。④病历档案记录。不少牛场无病历，或有但很零乱；多数牛场只有年、月的发病头数统计，但对每头牛某年（月）和一生中的不同阶段曾患疾病的种类记录不祥，不利于归纳分析，特别是对高产个体和群体的选育，很难从抗病力方面衡量牛的生产性能。建立健全系统的病历档案，不单是一项兽医保健措施，而且也是畜牧技术措施的主要内容之一，应和育种、产奶量等档案资料一样系统、详细地做好。

（2）兽医诊断工作：这对保持牛群健康有重要的作用。除对健康牛和病牛的常规检查之外，血清学试验和尸体剖检也是重要的诊断依据。

（3）疾病的监控措施：利用全自动生化分析仪，可以把牛的血液样本进行一系列的生化值测定，对牛疫病的辅助诊断起决定性作用，对代谢性疾病也有监控作用。

（4）制定疾病定期检查制度：每年春秋两季，各场应按时对结核病、布氏杆菌病等传染病进行检疫，并利用这两次检疫机会，在对畜群进行系统健康检查的同时，针对各场的具体情况，对血糖、血钙、血磷、碱储、肝功能等内容进行部分抽查。

（5）卫生防疫计划的制订：牛群卫生防疫的范围很广，从常规的防疫注射、消毒，到牛群的疾病监控、监测、治疗，都属于此类。每个肉牛场的管理、设备、技术水平和环境条件不同。牛群保健方案，要根据各个牛场实际情况需要而定，且应随条件的变化不断修改。

3. 严格执行消毒制度

（1）环境消毒：牛舍周围环境每周用2%氢氧化钠溶液消毒或撒生石灰1次；场周围及场内污水池、排粪坑和下水道出口，每月用漂白粉消毒1次。在大门口和牛舍入口设消毒池，使用2%氢氧化钠溶液（图7-5）。

图7-5　牛场入口消毒池

（2）人员消毒：工作人员进入生产区应更衣和进行紫外线消毒，工作服不应穿出场外。外来参观者进入场区参观应彻底消毒，更换场区工作服和工作鞋，并遵守场内防疫制度（图7-6）。

图7-6　外来人员更换工作服、消毒

（3）牛舍消毒：牛舍在每班牛只下槽后应彻底清扫干净，

定期用高压水枪冲洗，并进行喷雾消毒或熏蒸消毒（图7-7）。

图7-7　喷雾消毒

（4）用具消毒：定期对饲喂用具、料槽和饲料车进行消毒，可用0.1%新洁尔灭或0.2%~0.5%过氧乙酸消毒日常用具。

（5）带牛环境消毒：定期进行带牛环境消毒，可用于带牛环境消毒的药物有0.1%新洁尔灭、0.3%过氧乙酸、0.1%次氯酸钠。

（6）牛体消毒：助产、配种、注射治疗及任何对牛进行接触性操作前，应先将牛有关部位如颈部、阴道口和后躯等进行消毒擦拭，保证牛体健康。

4. 牛病控制和扑灭措施　牛场发生疫病或怀疑发生疫病时，应及时采取以下措施：驻场兽医应及时对发病牛进行全面的临床检查，及时隔离，必要时进行病尸解剖，采集血液和病料进行检查；本场不能确诊时，应将病料送有关部门检验、确诊，确诊为传染病时，应按《中华人民共和国动物防疫法》有关规定尽快向当地兽医行政管理部门报告疫情并迅速采取扑灭措施；被病牛污染的场地、牛舍、牛槽及用具等要彻底消毒，死牛、污染物粪便、垫草及余留饲料应烧毁或深埋，发病牛场必须停止出售种牛或外调，谢绝参观，待病牛治愈或全部处理完毕，全场经过严格的大消毒后两周，再无疫情发生时，最后进行大消毒 1 次，方可解除封锁。

二、牛群免疫接种与免疫程序

牛群免疫接种的宗旨，在于杜绝导致重大经济损失的疾病，减少一般性疾病的发生，提高牛场的经济效益。各地区各牛场的情况千差万别，导致牛场经济损失的疾病各不相同，没有通用的免疫计划，只能根据本地区本场的实际情况自行拟定。牛场兽医师的职责不仅是治病，更重要的是了解并分析本场本地区牛疾病的发生规律、危害情况，了解本地区本牛场各类疾病给牛场带来的损失状况，根据本场的实际情况，结合其他地区、其他牛场的相关经验，提出牛场的防疫计划，参与牛群防疫全过程的实施。

（一）科学饲养管理

1. 坚持自繁自养 牛场或养牛户要选择健康的良种公牛与母牛，自行繁殖犊牛，防止引进牛时带入疫病，造成传播。自行繁殖时，必须注意防止近亲繁殖。也可利用杂交一代的杂种优势，提高牛种的品质和犊牛的成活率，以降低养牛的成本。

2. 引种时的检疫

（1）调运肉牛前的检疫：需调运的肉牛应于起运前 15～30 天内在原种牛场或隔离场进行检疫。在调运牛之前，应先调查了解该牛场近 6 个月内的疫情情况，若发现有一类传染病及炭疽、鼻疽、布鲁氏菌病等的疫情时，则停止调运。调运前要先查看调出牛的档案和预防接种记录，然后对所调牛群进行群体和个体检疫，并做详细记录。对要调运的牛应做临床检查和实验室检查的疫病（至少要有口蹄疫、布鲁氏菌病、蓝舌病、结核病、牛地方性白血病、副结核病、牛传染性胸膜肺炎、牛传染性鼻气管炎、牛病毒性腹泻-黏膜病），同时注意监测牛瘟、牛海绵状脑病。

经检查确定为健康牛者，须办理"健康合格证"方可起运。

（2）肉牛运输时的检疫：肉牛装运时，当地动物检疫部门应派专人到现场进行监督检查，以防漏检牛、未检牛和检查不合格的牛调运。运载肉牛的车辆、船舶、机舱以及饲养用具等必须在装货前进行清扫、消毒，要求尽量达到无携带致病性病原菌的要求。经当地动物检疫部门检查合格，发给运输检疫证明。运输途中，不得在疫区车站、港口、机场装填草料、饮水和有关物资，包括给车加水，防止运输途中染上疫病。运输途中，押运员应经常观察牛的健康状况，发现异常及时与当地动物检疫部门联系，按《中华人民共和国动物防疫法》的有关规定处理。肉牛到达目的地后，需隔离观察至少 30~45 天，经兽医检疫部门检查确定为健康牛后，方可供使用（图 7-8）。

图 7-8　工作人员在检查牛体健康状况

（3）禁止从疫区引进肉牛：疫区是指以疫点为中心，半径 3~5 km范围内。疫区内的易感动物均有被感染的可能，貌似健康的肉牛也可能带有致病菌（病毒）。因此禁止从疫区引进肉牛。

3. 肉牛场管理

（1）日常管理：牛场不应饲养任何其他家畜家禽，并应防止周围其他动物进入场区。保持各生产环节的环境及用具的清洁，坚持每天刷拭牛体，定期护蹄、修蹄和浴蹄。

（2）人员管理：牛场工作人员应定期进行健康检查，发现有传染病患者应及时调出。

（3）饲养管理：按饲养规范饲喂，不堆槽，不空槽，不喂发霉变质和冰冻的饲料。应拣出饲料中的异物，保持饲槽清洁卫生。保证足够新鲜、清洁饮水，运动场设食盐、矿物质补饲槽和饮水槽，定期清洗消毒饮水设备。

（4）灭蚊蝇与灭鼠工作：铲除杂草，填平水坑等蚊蝇滋生地，定期喷洒消毒药物，在牛场外围设捕杀点，消灭蚊蝇。定期投放灭鼠药，控制啮齿类动物。投放灭鼠药应定时、定点及时收集死鼠和残余鼠药，并做无害化处理。

（5）病死牛处理：对于非传染病及机械创伤引起的病牛，应及时进行治疗，死牛应按照畜禽病害肉尸及其产品无害化处理的有关规定及时定点进行无害化处理。牛场内发生传染病后，应及时隔离病牛、病死牛，应根据发生疾病的种类和性质采取销毁、深埋、焚烧等措施做无害化处理。

（6）废弃物处理：每天都应及时清除牛舍内及运动场污物和粪便，并将粪便及污物运送到贮粪场。废弃物应遵循减量化、无害化和资源化的原则处理。

（7）防疫、疫病档案管理：做好记录，包括疾病档案和防疫记录，主要记录牛的来源，饲料消耗情况，发病率、死亡率及发病死亡原因，无害化处理情况，实验室检查及结果，治疗用药及免疫接种情况。所有记录应在清群后保存 2 年以上。

（二）建立疫病预防制度

1. 牛场的卫生条件

（1）场区应具有清洁、无污染的水源。如需配备贮水设施如水塔、水罐等，每半年应清洗 1 次，并用 0.1% 次氯酸钠喷洒消毒 1~2 次；消毒后再反复用清水冲洗 2~3 次。

（2）场区内必须设有更衣室、厕所、淋浴室、休息室。更衣室内应按人数配备衣柜，厕所内应有冲水装置、非手动开关的洗手设施和洗手用的清洗剂。场内需设置专用的危险品库房、橱柜，存放有毒、有害物品，并贴有醒目的"有害"标记。在使用危险品时需经专门管理部门核准并在指定人员的严格监督下使用。

（3）牛场谢绝参观，除牛只饲养、配种、兽医等外的非生产人员一般不允许进入生产区。特殊情况下，确需进入的非生产人员需经淋浴消毒，更换衣、帽、鞋、袜后方可入场，并遵守场内的一切防疫制度。

（4）应建立规范的消毒方法。如牛场大门、生产区入口，要建宽于门口、长于汽车轮 1.5 周的水泥消毒池（加入适量 2% 氢氧化钠溶液），牛台入口建宽于门口、长 15 m 的消毒池，生产区门口须建更衣室、消毒室和消毒池，以便车辆和人员更换作业衣、鞋后进行消毒。场内应建立必要的清洁、消毒制度。经常保持牛舍内通风良好、光线充足，每天 1 次打扫卫生保持清洁，每月 1 次牛槽消毒，每月 1 次牛舍消毒，每年 1 次全场消毒。饲养场的金属设施、设备等可采取火焰、熏蒸等方式消毒；饲养场的圈舍、场地、车辆等可选用 2% 氢氧化钠溶液、1%~2% 甲醛溶液、10% 漂白粉、10%~30% 石灰乳、1%~3% 来苏儿、0.3% 新诺灵等有效消毒药喷洒消毒；墙壁心用 20% 生石灰乳粉刷；对饲养用具、牛栏（床）等以 3% 氢氧化钠溶液、3%~5% 来苏儿溶液进行洗刷消毒 2~6 h，运动场可在除去杂草后，用 2%氢氧化钠溶液进行消毒；饲养场的饲料、垫料等可采取深埋发酵或焚烧处理；污染的粪便应堆积在距离牛舍较远的地方，采取堆积密封发酵方式进行生物热发酵消毒。

（5）为了防止动物疫病（动物传染病和寄生虫病）传播，牛场内不准屠宰和解剖牛只。确需屠宰或解剖的，经检疫，合格者送屠宰场宰杀，不合格者，需解剖的送解剖室或指定地点解剖，采取焚烧、深埋等无害化措施处理。

（6）外来或购入的牛需有兽医检疫部门的检疫合格证，需经隔离观察 30~45 天，并经兽医检疫部门检疫确认无传染病时方可并群饲养。

2. 免疫计划

（1）建立计划免疫接种制度：免疫接种是给牛接种各种免疫制剂（菌苗、疫苗和免疫血清等），使牛产生对各种传染病的特异性免疫力。牛场应制定切合实际的牛传染病的免疫程序，并做好免疫接种前、后的免疫监测工作，以确定最佳免疫时机。应用疫苗接种时，必须先对牛群逐头进行临床检查、测温，只能对无任何临床症状的牛进行接种，对患病牛和处于潜伏期的牛，不能接种，应立即隔离治疗或扑杀。

（2）影响免疫接种效果的因素：影响免疫接种效果的因素很多，不但与疫苗的种类、性质、接种途径、免疫程序、运输保存有关，而且与牛的年龄、体况、饲养管理条件等因素也有密切关系。如活疫苗免疫力产生快，持续时间长，易受母源抗体的影响；灭活苗免疫力产生慢，持续时间短，但不受体内原有抗体的影响。疫苗由于生产、运输、保存不当，尤其是活苗，可使其中的微生物大部分死亡，影响免疫效果。免疫接种途径错误，或免疫程序不合理，或同时接种两种以上的疫苗，或接种多价苗、联合苗时，有时几种抗原成分之间会起免疫反应，可能被另一种抗原性强的成分产生的免疫反应所掩盖等，都可能影响免疫接种的效果。给成年、体质健壮或饲养管理较好的牛接种，可产生较坚强的免疫力；而幼年、体质弱、有慢性疾病或饲养管理卫生条件差的牛群接种，产生的免疫力就要差，有时还可引起较严重的接种反应。此外，在进行免疫接种时，需登记接种日期、疫苗名称、生产厂家、批号、有效日期、剂量和方法等，并注明已接种和未接种的牛，以便观察免疫接种反应和预防效果，分析可能发生问题的原因。

（3）计划免疫与免疫程序：计划免疫是指根据当地牛病的流行情况和危害程度，对所有的牛群进行传染病的首次免疫（首免，即基础免疫）及随后适时地加强免疫（复免或二免），以确保全部牛从出生到屠宰或淘汰都获得可靠的免疫，使预防接种科学化、计划化和全年化。牛场如不开展计划免疫，必然会出现漏种、错种和不必要的重复接种，影响预防效果。免疫程序，是指对牛场的牛根据其常发的各种传染病的性质、流行病学、母源抗体水平、有关疫苗首次接种的要求以及免疫期长短等，制定的从出生经青年到成年或屠宰全过程，各种疫苗的首免日龄或月龄、复免的次数和接种时期等配套的接种程序。免疫程序同样应根据本地区的实际疫情，结合疫苗的性能，进行制定。

（4）肉牛常用疫（菌）苗的使用方法、保存期限和免疫期肉牛疫苗的使用，应严格按照疫苗的使用说明进行。表7-1就肉牛常用疫苗的使用方法、保存期限和免疫途径进行简要介绍，供参考。

表 7-1　肉牛常用疫苗和免疫方法

疫苗名称	用法和每头用量	免疫期
第二号炭疽芽孢苗	颈部皮下注射 1 mL	1 年
气肿疽灭活疫苗	颈部皮下注射 5 mL	每年 1 次，犊牛至 6 月龄时也需注射
牛出血性败血症疫苗	颈部或皮下注射，100 kg 以下注射 4 mL，100 kg 以上注射 6 mL	9 个月
牛副伤寒疫苗	肌内注射。1 岁以下牛 2 mL，1 岁以上第一次 2 mL，10 天后同剂量再注射一次	6 个月
牛 O 型口蹄疫灭活疫苗	肌内或皮下注射，1 岁以下的犊牛肌内注射 2 mL，成年牛 3 mL	犊牛 4~5 个月龄首免，20~30 d 后加强免疫 1 次，以后每 6 个月免疫 1 次
牛流行热疫苗	成年牛 4 mL，犊牛 2 mL，颈部皮下注射（3 周后进行第二次免疫）	1 年
布氏杆菌羊型 5 号毒冻干苗	肌内或皮下注射，成年牛 10 mL，犊牛 8 mL	1 年
伪狂犬疫苗	颈部皮下注射，成年牛 10 mL，犊牛 8 mL	1 年
牛肺疫兔化弱毒冻干苗	用 50 倍生理盐水稀释，成年牛臀部肌内注射 1 mL，6~12 月龄牛 0.5 mL	1 年
狂犬病灭活疫苗	臀部肌内注射 20~50 mL	6 个月

3. 药物预防

（1）化学预防：化学预防又称药物预防，是对某些传染病的易感动物群投服药物，以预防或减少该传染病的发生。在尚无疫苗或虽有疫苗但应用还有问题的传染病的预防上，药物预防是一项重要措施。随着群体诊断技术的应用，群体防治已成为高度流行性传染病的一项重要防治方法。群体防治是将安全价廉的化学药物，加入饲料或饮水中进行群体化学防治，既可减少损失，又可达到防治疫病的目的。群体防治是防疫的一个新途径，对某些疫病在一定条件下采用，可收到良好的效果。常用于生产的预防药物有呋喃类、磺胺类和抗生素等，可用于预防和治疗沙门氏菌病、大肠杆菌病、牛魏氏梭菌病、恶性水肿等，将药物拌入饲料或饮水中喂服。应当指出，长期使用化学药物预防，容易杀灭牛瘤胃中的纤毛虫，影响瘤胃的消化功能；产生耐药性菌株，影响防治效果。因此，必须根据药物敏感试验结果，选用高度敏感性药物进行防治。另外，长期使用抗生素等药物进行动物疫病的预防，形成的耐药性菌株一旦感染人，常常会贻误疾病的治疗，这样可能对人类健康造成一定的危害。

（2）生态预防：利用生态制剂进行生态预防，是药物预防的一条新途径，目前多用在犊牛腹泻病的防治上。所谓生态制剂，即利用对病原菌具有生物拮抗作用的非致病性细菌，经过严格选择和鉴定后而制成的活菌制剂，牛内服后，可抑制和排斥病原菌或条件致病菌在肠道内的增殖和生存，调整肠道内菌群的平衡，从而起到预防犊牛腹泻等消化道传染病发生，促进牛生长发育。但应注意在内服生态制剂时，禁服抗菌药物。

4. 定期驱虫　驱虫是在肉牛体内或身体上杀灭寄生虫的措施。驱虫应做到：在有隔离条件的专门场所驱虫；肉牛驱虫后应隔离一定时间，直至寄生虫和卵囊排完为止；驱虫后肉牛排出的粪便和病原物质均应集中进行无害化处理，粪便宜采用生物发酵的方法消毒；大规模驱虫时一定要先进行小范围的驱虫试验，对驱虫药物的剂量、用法、驱虫效果及毒副作用有一定认识后再大规模应用；驱虫应根据当地寄生虫的流行特点选择适当的时间。

5. 预防中毒

（1）防止农药中毒：防止农药中毒应做到严格防止饲料源被农药污染，严格控制青饲料的来源，喷洒过农药的饲料作物或青草，不能立即刈割。

（2）防止饲料中毒：常见的饲料中毒有霉饲料中毒、棉籽饼中毒、马铃薯中毒、有毒植物中毒等。预防时应注意贮放饲料间要干燥、通风，温度不宜过高，以防饲料发生霉败，饲料出现发霉就应废弃，严禁饲喂；日粮中不能以棉籽饼作为主体精料，饲喂棉籽饼应先脱毒；马铃薯应存放在干燥阴凉处，防止发芽、变绿，不用发芽、变绿和腐烂的马铃薯喂牛，应用马铃薯茎叶作饲料时，喂量不宜过大，或用开水浸泡后再喂；了解本地区的毒草种类，饲喂人员要提高识别毒草的能力，凡怀疑有毒的植物，一律禁喂。

（3）防止鼠药中毒：灭鼠药毒性大，牛误食后可引起出血性胃肠炎或急性致死。在牛舍放置毒鼠饵时，要特别注意，勿使牛接触误食；饲料间内严禁放置灭鼠毒饵，以防污染饲料。

（4）中毒的一般救治原则：牛确诊中毒后，应立即进行紧急救治，以促进毒物排出，减少毒物吸收为原则，应用对应的解毒剂，可采取放血、利尿等措施，维护全身机能，对症治疗。

6. 建立健全疫病监测制度

（1）日常监测制度：牛场的兽医技术人员应每天早晚深入牛舍巡视，检查舍内外卫生状况，观察牛群精神、运动、采食、饮水及粪便状况，结合饲养员的报告，及时将异常变化的牛检出，送隔离舍观察，进行确诊和处理。对病死牛及时进行解剖、化验，做好记录，了解疫情动态，特别在牛场周围有疫情时，更应提高警惕。兽医技术人员在对病死牛核检、化验的同时，还应仔细察看疫区的情况，以便进一步了解牛病发生的经过和关键问题。进行现场察看时，应特别注意饲料的来源和质量，水源的卫生条件，粪便和尸体的处理等。

（2）实验室监测技术：实验室监测应着重抓好以下几方面工作。

1）牛场应建立兽医诊断室，应用微生物学、寄生虫学、血清学和病理学等方法对传染病和寄生虫病进行检疫和监测。

2）牛场应结合当地牛病发生、流行的实际情况，制定疫病监测方案。每6个月对重点疫病，如口蹄疫、布鲁氏菌病、结核病等，按部分操作规程检疫监测一次。以便掌握疫情动态，及时采取防治措施。

3）常规的体内和体外寄生虫监测应当每个季度进行一次，可采用粪便寄生虫卵囊检测，对虱子和在皮肤上掘洞的疥螨的目视检查，其检查可以在兽医对牛群的每天巡视中完成。

4）牛场常规监测的疾病至少应包括口蹄疫、蓝舌病、炭疽病、牛白血病、结核病、布鲁氏菌病。每年春季和秋季对全群牛进行布鲁氏菌病和结核病检验各1次，在健康牛群中检出的阳性牛要扑杀、深埋或火化；非健康牛群的阳性牛及可疑牛可隔离分群饲养，逐步淘汰净化。同时需注意监测我国已扑灭的疫病和外来病的传入，如口蹄疫、牛瘟、牛传染性胸膜肺炎、牛海绵状脑病等。除上述疫病外，还应根据当地实际情况，选择其他一些必要的疫病进行监测，如牛魏氏梭菌病、犊牛大肠杆菌病和焦虫病。

（三）严格执行消毒制度

1. 消毒剂的使用　消毒剂应选择对人、肉牛和环境比较安全、没有残留毒性，对设备没有破坏，在牛体内不应产生有害积累的消毒剂。可选用的消毒剂有次氯酸盐、过氧乙酸、生石灰、氢氧化钠、高锰酸钾、硫酸铜、新洁尔灭、福尔马林、环氧乙烷、乙醇和来苏儿等。

2. 消毒方法

（1）喷雾消毒：一定浓度的次氯酸盐、有机碘混合物、过氧乙酸、新洁尔灭、煤酚等，用喷雾装置进行喷雾消毒，主要用于牛舍清洗完毕后的喷洒消毒、带牛环境消毒、牛场道路和周围环境及进入场区的车辆消毒。

（2）浸液消毒：用一定浓度的新洁尔灭、有机碘混合物或煤酚水溶液洗手、洗工作服或胶靴。

（3）紫外线消毒：对人员入口处常设紫外线灯照射，以起到杀菌效果。

（4）喷洒消毒：在牛舍周围、入口、产床和牛床下面撒生石灰或火碱以杀死细菌或病毒。

（5）生物热消毒：主要用于肉牛场的污物和粪便的消毒，常采用发酵池法和堆粪法进行消毒。

3. 消毒制度 消毒制度严格按照第 152～153 页介绍的消毒方法执行。

（四）牛病控制和扑灭措施

牛场发生疫病或怀疑发生疫病时，应及时采取以下措施：驻场兽医应及时对发病牛进行全面的临床检查，及时隔离，必要时进行病尸解剖，采集血液和病料进行检查；本场不能确诊时，应将病料送有关部门检验、确诊，确诊为传染病时，应按《中华人民共和国动物防疫法》有关规定尽快向当地兽医行政管理部门报告疫情并迅速采取扑灭措施；被病牛污染的场地、牛舍、牛槽及用具等要彻底消毒，死牛、污染物粪便、垫草及余留饲料应烧毁或深埋，发病牛场必须停止出售种牛或外调，谢绝参观，待病牛治愈或全部处理完毕，全场经过严格的大消毒后两周，再无疫情发生时，最后进行大消毒 1 次，方可解除封锁。

三、养殖场废弃物处理及调控措施

我国肉牛养殖业的规模化、产业化发展，制造了大量的粪尿、污水等废弃物，如不加处理或处理不当则对环境造成严重污染，甚至威胁到牛场本身的持续发展。另外，粪尿及污水中含有大量的营养物质，经过无害化处理后，可以变废为宝，带来良好的经济与生态效益。

（一）粪尿污水对环境的危害

牛场的主要污染物是粪尿及其污水，尤其是粪尿，它是饲料中未被消化的养分排出体外后，继续被微生物降解而产生，这些物质含有大量有机物、氮、磷、钾、悬浮物及致病菌等，并产生恶臭，造成对地表水、土壤和大气的严重污染。

1. 恶臭的污染 低浓度和短时间的臭气，一般不会有显著危害，高浓度臭气对牛有急性损害。在生产条件下，往往是低浓度、长时间作用于牛体，产生慢性中毒，使牛体质变弱，对某些疾病易感性强，抗病力下降，采食量、日增重等下降。

2. 嗳气的污染 嗳气是牛、羊等反刍动物特有的消化现象，牛嗳气中的主要成分是甲烷和二氧化碳，与氨、氮一起可导致臭氧层破坏，造成地球温室效应。

3. 氮和磷的污染 排泄物中的氮散发到大气中，可招致酸雨。粪尿和污水中的氮和磷可通过雨水汇入地表水中，使水富营养化，引起微生物的大量繁殖，耗尽水中氧气，使鱼类死亡。

4. 致病微生物及寄生虫的污染 一些患有人畜共患病的病牛的排泄物和腐败的动物尸体中含有大量致病菌、寄生虫卵，在适宜条件下，可引发人畜共患病。

（二）粪污处理综合措施

对粪污处理的原则是减量化、无害化、资源化。减量化是想方设法使牛排出的粪便减少；无害化、资源化是使处理过的粪便不对环境造成危害，又能对粪便进行一定程度的利用。

1. 减少粪尿的排泄量

（1）科学加工饲料，提高饲料消化率，减少粪尿排泄量。牛精饲料适当的粉碎，制成粥料，热炒，膨化，青粗饲料经过氨化、青贮等都可以提高消化率。精饲料经过热加工过程，还可破坏和抑制一些抗营养因子和有毒物质的作用，可杀死沙门氏菌等细菌，改善饲料的卫生条件。

（2）日粮组成多样化和合理搭配。日粮组成多样化，不仅可以降低饲料成本，抵御饲料价格变化的风险，而且还可提高饲料养分消化率。不同性质的饲料互相搭配，可调节机体消化机能，如青贮和氨化饲料搭配，可预防瘤胃的酸中毒；高粱和饼类饲料搭配，可提高瘤胃非降解蛋白质的量，提高蛋白质的消化率等。

2. 用作肥料 随着化肥对土壤的板结作用越来越严重，以及人们对无公害产品需求的增加，农家肥的使用将会倍加受到重视，因此，把牛粪做成有机复合肥，有着非常广阔的应用前景。牛粪等农家肥的使用，可有效处理牛粪等废弃物，又可将其中有用的营养成分循环利用于土壤-植物生态系统。但应注意，牛粪不合理的使用方式或连续使用过量会导致硝酸盐、磷及重金属的沉积，对地表水和地下水构成污染；另外，在降解过程中，氨、硫化氢等有害气体的释放也会对大气构成威胁，所以应经过适当处理后再应用于农田。如腐熟堆肥法：将牛粪与作物秸秆按一定比例混合后，在微生物的作用下，有机物质分解，在此过程中放出的热量可杀灭粪便中的病原微生物、寄生虫卵等，并可提高肥效。

3. 用牛粪开发饲料 牛粪中含有丰富的营养物质，适当处理后可用作饲料，实现物质与能量的再循环，并可防止污染。

（1）脱水干燥：粪便脱水干燥是最为简易的处理方法，干燥后的粪便仅为原体积的 20%～30%。干燥后的粪便与干草按（6：4）混合后进行青贮再利用。

（2）粪便酸贮：将鲜牛粪与玉米、棉籽饼及糠麸皮等精料混合装入塑料袋中或其他密闭容器中，使混合物水分保持在 40% 左右，压实、封严，经 20～40 天后即可使用。

（3）发酵处理：将牛粪堆积发酵，经自然晾晒后可作为饲料使用。据资料介绍，1 头牛 1 天所排粪便与 15 kg 糠麸、2.5 kg 小麦麸、3.5 kg 酒曲混合，用水调成糊状，使其达到手控成团，松开能散的状态，装入密闭容器或塑料袋内压实、封口，发酵 1～2 天后即可与精料混合饲用。

（4）生物处理：将牛粪利用生物学的方法进行处理，主要方法有氧化池氧化法、活性污泥法、堆肥法、昆虫培养等。

4. 牛粪生产沼气

沼气是利用厌氧菌（主要是甲烷菌）对牛粪尿进行厌氧发酵产生的一种混合气体，其主要成分为甲烷（占 60%～70%），其次为二氧化碳（25%～40%），此外还有少量的氧、氢、一氧化碳和硫化氢。沼气燃烧后可产生大量的热能，可作为生活、生产用燃料，也可用于发电。在沼气生产过程中，因厌氧发酵可杀灭病原微生物和寄生虫，发酵后的沼渣和沼液又是很好的肥料，这样种植业和养殖业的有机结合，形成了一个循环利用、增值的生态系统。

四、肉牛生产的用药技术

（一）常用药物

1. 生物药品　生物药品是指用微生物及其代谢产物经适当处理而制成的一类生物制品，包括各种疫苗、抗病血清和诊断制品等。

2. 化学药物　化学药物是指用化学方法合成的、能防治畜禽疾病的一类生物制品，包括化学原料药物及其制剂等。

3. 中草药　中草药是指动植物药品，即采取某些植物或动物的某些部分，以及某些矿物质作为药用物质。中草药又称中药材，在我国使用历史悠久。用不同的中药材，经加工炮制、科学配伍而制成的各种方剂，是我国药物的最大特点和精华所在。

（二）疫病防治

1. 肉牛场发生疫病或怀疑发生疫病时，应及时采取以下措施：

（1）驻场兽医或就近兽医中心站应及时进行诊断，立即封锁现场，采集病料送权威部门确诊，并尽快向当地畜牧兽医行政管理部门报告疫情。

（2）确诊发生口蹄疫、蓝舌病、牛瘟、牛传染性胸膜炎时，肉牛饲养场应配合当地畜牧兽医管理部门，对牛群实施严格的隔离、检疫、扑杀等措施。

（3）发生牛海绵状脑病时，除了对牛群实施严格的隔离、扑杀措施外，还需追踪病牛的亲代和子代。

（4）全场进行彻底的清洗消毒，病死或淘汰牛的尸体要进行深埋或无害化处理。

（5）发生炭疽时，焚毁病牛，对可能污染点彻底消毒。

（6）发生牛白血病、结核病、布鲁氏菌病等疫病，发现蓝舌病血清学阳性牛，应对牛群实施清群和净化措施。

2. 做好记录　每群肉牛都应有相关的资料记录，其内容包括肉牛来源、饲料消耗情况、发病率、死亡率及死亡原因、消毒情况、无公害化处理情况、实验室检查及其结果、肉牛去向等。

建立并保存肉牛免疫程序记录，建立并保存患病动物的预防和治疗记录，包括患病肉牛的畜号和标志、发病时间及症状、治疗用药名称及主要成分、给药途径及剂量、治疗时间和疗程等；预防或促生长混饲给药记录包括所用药物名称（商品名称及有效成分）剂量和疗程等。所有记录应在清群后保存两年以上。

3. 肉牛场兽药使用规程　肉牛饲养者应供给肉牛充足的营养，所用饲料、饲料添加剂和饮水应符合规定，加强饲养管理，净化和消毒饲养环境，采取各种措施以减少应激，增强动物自身的免疫力。建立严格的生物安全体系，防止肉牛发病和死亡，最大限度地减少化学药品和抗生素的使用。一旦发病应经兽医准确诊断，必要时做药敏实验，以便对症下药，防止滥用药物，应优先选用副作用小不产生组织残留的药物。

第八部分　肉牛常见病的防治

一、治疗操作技术

（一）常用保定技术

1. 站立保定

（1）压鼻法：又叫钳鼻法。保定者一手握住牛角，一手紧捏鼻中隔，牵引鼻端向上后方提举，或用牛鼻钳夹住鼻中隔保定。对穿有鼻环的牛，牵拉鼻环绳即可（图8-1、图8-2）。

图8-1　牛鼻钳

图8-2　牵拉鼻环绳

（2）捆角法：取一条长绳拴在牛角根部，然后用此绳把角根捆绑于木桩或树上。此法适用于头部疾病的检查和治疗（图8-3）。

图 8-3 捆角法

（3）后肢保定法：用一条短绳在两后肢关节上方捆紧，压迫腓肠肌和跟腱，防止踢动。适用于乳房、后肢及阴道疾病的检查和治疗。

2. 横卧保定法

（1）提肢倒牛法：将 7~8 m 长的绳子折成一长一短的双叠，在折叠部做一个猪蹄扣，套在牛的倒卧侧前肢球节的上方。先将短绳端穿过胸下，从对侧经背部返回，由 1 人固定。再将长绳端引向后方，在髋关节之前绕腰腹部做一环套，并继续引向后方，交另 1 人固定（图 8-4）。

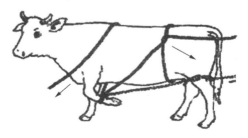

图 8-4 提取前肢倒牛法

171

（2）背腰缠绕倒牛法：用一条长 10 m 的粗圆绳，一端拴住牛的两角根部，另一端沿非卧侧向后牵引，经过胸部和腹部时各缠绕躯干做一环套，2 人用力向后拉绳，1 人抓住牛鼻中隔和角，将头向倒卧侧压迫，1 人抓住尾巴向倒卧侧牵引，3 人同时用力，牛即倒下，将头固定好，绑住四肢（图 8-5）。

图 8-5　背腰缠绕倒牛法

以上两种保定方法适用于乳房手术、去势及蹄病治疗。

3. 柱栏保定

（1）二柱栏保定法：把牛的头绳系在前柱上，取一条粗圆绳，一端拴个铁圈，挂在后柱拐钉上，把绳从左侧绕过前柱，经后侧至后柱并挂在拐钉上，将绳收紧，再从此反转向前绕过前柱，经左侧返回至后柱并将绳末端固定于此。最后吊挂胸、腹，适用于投药、注射、去势及蹄病的治疗等（图 8-6）。

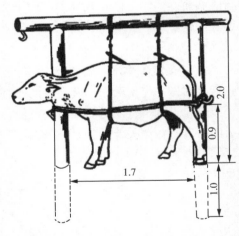

图 8-6　二柱栏保定法（单位：米）

（2）四柱栏保定法：四柱栏保定牛效果甚好，被牛场、兽医站、配种站、防疫站等普遍采用（图 8-7）。

图 8-7 四柱栏保定法

（二）投药方法

1. 液态药剂投药法 将胃管经鼻腔或口腔缓慢准确地插入食管中，投药前在胃管的体外端浸入一盛满清水的盆中，若水中不见气泡即证明胃管已插入食管。此外，还可用橡皮灌药瓶或长颈啤酒瓶通过口腔直接将药液灌入。

2. 片剂或舔剂投入法 1 人固定牛头，另外 1 人一手将牛舌拉出，一手持药，迅速将药放到舌根部，并立即放开舌头，抬高牛头，使其咽下。

（三）常用注射方法

1. 皮下注射 常用于无强刺激性且易溶解的药物、疫苗或血清的注射。

（1）部位：颈侧或肩胛后方的胸侧皮肤易移动的部位。

（2）方法：一手捏起皮肤呈皱褶，一手持注射器于皮肤褶皱处的三角形凹窝刺入皮下 2~3 cm，推动活塞注入药液。注射后用酒精棉球压迫止血。

2. 肌内注射 适用于刺激性较强和较难吸收的药液。

（1）部位：多种肌肉丰富的臀部和颈侧。

（2）方法：先将针头垂直刺入肌肉适当深度，接上注射器，推动活塞注入药液，注射后用酒精棉球压迫止血。

3. 静脉注射 适用于用药量大、对局部刺激性大的药液。

（1）部位：多种颈沟上 1/3 和中 1/3 交界处的颈静脉管，也可在乳静脉管注射。

（2）方法：先排尽输液管中的空气。左手按压注射部位近心端静脉，使血管怒张，右手持针在按压点上方 2 cm 处呈 45°刺入静脉内，见回血后将针头继续顺血管进针 1～2 cm，接上输液管，夹子固定输液胶管，缓缓注入药物。输液结束后用酒精棉球压迫止血。

（四）灌肠法

灌肠分为两种，浅部灌肠法仅用于排除直肠内积粪，深部灌肠法用于肠便秘、直肠内给药或降温等。

（1）浅部灌肠：在橡皮管上涂上液状石蜡或肥皂水，1 人把橡皮管插入牛肛门，再逐渐向直肠内推入，另 1 人提高灌肠器，让液体流入直肠。

（2）深部灌肠：深部灌肠是在浅部灌肠的基础上进行的，但橡皮管要长些，硬度要适当。

直肠破裂、损伤、变位时不宜灌肠。除降温外，灌肠液的温度均不宜过低，尤其是深部灌肠。

（五）穿刺法

1. 瘤胃穿刺法 常用于瘤胃急性膨胀的急救，或穿刺取样及向瘤胃内注入药物等（图 8-8～图 8-10）。

具体方法：牛站立保定，术部剪毛消毒；将皮肤切一小口，用套管针垂直迅速刺入瘤胃内约 10 cm；固定套管，抽出针芯，用手或纱布堵住管口间歇放气，排气完后插入针芯，手按腹壁拔出套管，并在术部涂以碘酒消毒。如需瘤胃内灌药可经套管直接注入。

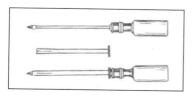

图8-8　穿刺套管针

图8-9　穿刺用放气针

图8-10　瘤胃穿刺部位

2. 腹腔穿刺法　用于诊断某些内脏器官及腹膜疾病。

具体方法：牛站立保定，术部剪毛消毒，用注射针头垂直刺入 2~4 cm，刺入腹腔后阻力消失，有落空感。穿刺完毕后，拔出针头，术部涂以碘酒消毒。

二、传染病

1. 口蹄疫

【流行病学】口蹄疫是由口蹄疫病毒引起的一种急性传染病。主要症状是在口腔和蹄部出现水疱。本病主要侵害牛，可经消化道、呼吸道感染，传播迅速，呈流行性和大流行性。全年均可发生，但春、秋两季发病牛较多，成年牛死亡率不高，犊牛死亡率可高达 20%~50%。

【诊断要点】

（1）舌面、上下唇、齿龈、蹄部、乳房等处出现大小不等的水疱。体温升高达 40 ~ 41 ℃，精神不振，食欲减退，流涎，口温增高、水疱经 1 昼夜破裂形成边缘整齐的红色糜烂斑。随后体温降至正常，糜烂逐渐愈合，全身症状好转。

（2）犊牛往往发生无水疱型口蹄疫，呈现心肌炎、胃肠炎和四肢麻痹症状，表现为腹泻或瘫痪，有时无任何症状而突然倒地死亡。剖检时可看到心脏呈灰红色或灰白色，称之为虎斑心，常用于心肌炎，瘤胃有时可见到溃烂斑痕，真胃呈充血或出血性炎症（图 8-11 ~ 图 8-14）。

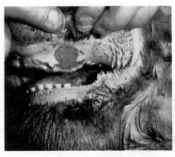

图 8-11　牛口蹄疫口唇黏膜糜烂

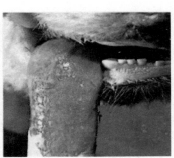

图 8-12　牛口蹄疫舌面水疱破溃

图 8-13　牛口蹄疫口流泡沫样涎

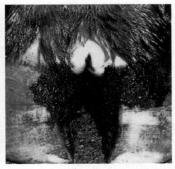

图 8-14　牛口蹄疫蹄部皮肤水疱

【防治】发生或可疑发生口蹄疫时，应立即向上级主管部门报告疫情，在疫区严格实施封锁、隔离、消毒、治疗等综合措施。在确诊为口蹄疫时，应立即用与当地流行的病毒型相同的口蹄疫疫苗，对发病牛群中的健康牛只和受威胁区的牛只进行紧急预防注射。

2. 牛病毒性腹泻/黏膜病

【流行病学】牛病毒性腹泻/黏膜病是由牛病毒性腹泻病毒引起的接触性传染病，以腹泻和整个消化道黏膜坏死、糜烂或溃疡为特征。患病牛和隐性感染牛及康复后带毒牛（可带毒 6 个月）是主要传染源。绵羊、山羊、猪、水牛、牦牛等多位隐性感染，也可称为传染源。病牛通过粪便、呼吸道分泌物、眼分泌物排毒，污染周围环境，主要经过消化道和呼吸道感染，可通过胎盘感染，公牛精液带毒也可感染。

【诊断要点】潜伏期为 7~14 天。本病中牛群中仅有少数发病，多数是隐性传染。根据临诊表现本病分为急性和慢性（图 8-15~图 8-18）。

图 8-15　牛病毒性腹泻　严重脱水

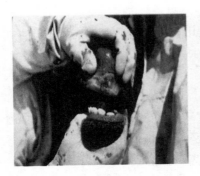

图 8-16　牛病毒性腹泻　齿龈溃疡

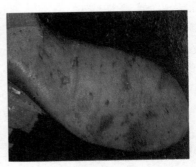

图 8-17　牛病毒性腹泻　舌面糜烂

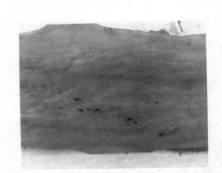

图 8-18　牛病毒性腹泻　食道黏膜线形排列的糜烂

急性：病牛突然发病，发热（40~42 ℃），病持续 4~7 天，有的还有第二次体温升高，精神高度沉郁，食欲减退或废绝，腹泻常为水样，粪便恶臭，内含黏液、纤维素性絮片和血液，眼鼻有黏液性分泌物，口腔黏膜潮红，唾液增多。母牛中妊娠期间感染时会发生流产或产下先天缺陷的犊牛，最常见的缺陷是小脑发育不全，或患牛呈现程度不同的共济失调，或不能站立，有的甚至失明。

慢性：病牛鼻镜糜烂，眼常有浆液性分泌物，蹄叶炎和趾间皮肤糜烂、坏死，跛行是最明显的特征，中颈部和耳后的皮肤成为皮屑状，多数病牛 2~6 个月内死亡。

主要病变中整段消化道出现黏膜充血、出血、糜烂或溃疡等。特征性病变是食道黏膜有大小和形状不等的直线排列的糜烂。肠系膜淋巴结肿胀。

【防治措施】 此病无特效疗法，应用收敛剂和补液、补盐等对症疗法可减轻临床症状，为了防止继发性细菌感染，可投给抗生素和磺胺类药物。本病的隐性感染率高达 50% 以上，而且这些牛能较长时间保持中和抗体，因此加强口岸和交易检疫，防止引入带毒动物。一旦发生本病，对病牛要隔离治疗或急宰。被污染的畜舍、用具及周围环境要彻底消毒。

3. 布氏杆菌病

【流行病学】 布氏杆菌病是由布氏杆菌引起的一种接触性人畜共患病，主要危害生殖器官，母畜的临床症状是流产。可经病牛的阴道分泌物、胎儿、胎水、乳汁、粪便及公畜精液广泛传播。传播途径为接触性传染和消化道传染。本病一年四季均可发生，呈地方性流行（图 8-19、图 8-20）。

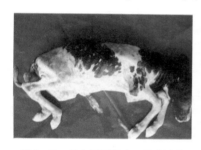 

图 8-19 牛布氏杆菌病 流产胎儿　　图 8-20 牛布氏杆菌病 流产牛从阴道排出

【诊断要点】

（1）本病根据流行病学及症状表现无法确诊，需做平板凝集反应，或通过流产病料涂片染色做细菌检查方可确诊。

（2）母牛除流产外，常不表现其他症状，流产多发生于怀孕的第 5～7 个月，产出死胎或弱胎。流产后常发生胎衣不下，阴道内排褐色恶臭液体，发生子宫炎、卵巢囊肿而导致长期不孕，并有可能发生腕关节炎、膝关节炎、跗关节炎等。

（3）本病的主要病变为胎衣水肿，呈胶冻样浸润，有些部位覆盖有纤维蛋白絮片和脓液，有的伴有出血点。

【防治】

（1）引进牛时必须检疫，还要隔离观察，确实无病时方可与健康牛合群。

（2）发现病牛立即隔离，污染的牛舍用 2%～3% 来苏儿、碱水或石灰水消毒，粪尿用生物热处理，流产胎儿、胎衣、羊水等要深坑掩埋。

（3）定期预防注射，在本病常发区每年都要进行两次定期预防注射。

（4）每年定期进行试管凝集反应普查，阳性反应牛应与健牛隔离，进一步做补体结合反应，以便确诊。

（5）对病情严重者，主要用抗生素类药物进行治疗，对流产后的母畜还应用 1% 高锰酸钾等冲洗子宫。加强饲养管理，供给营养丰富、品质良好的饲料，促使病牛自然痊愈。

4. 结核病

【流行病学】　牛结核病是由牛型结核分枝杆菌引起的人畜共患的慢性传染病。以被感染的组织和器官形成特征性结核结节和干酪样坏死为特征。传染源主要是病畜痰液、粪便、乳汁、生殖道分泌物等。可经消化道和呼吸道感染，交配也可能引起感染。牛对牛分枝杆菌最易感。

【诊断要点】　潜伏期一般为 16～45 天，长者达数月，甚至数年。牛结核病中肺结核最为常见。病牛中初期食欲正常，主要表现为顽固性咳嗽，尤其在清晨最为明显。后期肺部病变严重时，表现为呼吸困难，咳嗽加重。牛结核病肉眼病变最常见于肺，其次为淋巴结。在肺脏或其他气管的结核病变有两种病理变化：一是结核结节，二是干酪样坏死。结核结节大小为豌豆大或更小，呈灰白色，切开后可见干酪样坏死。检查肝脏结核结节时，有些病例从表面看肝脏正常，但触摸可发现坚硬的结核结节，因此，触摸病变部位是病理剖检诊断的关键（图 8-21、图 8-22）。

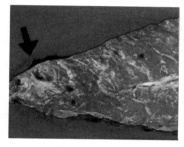
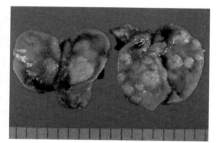

图 8-21　牛结核病　肺结核结节和干酪样病变　　　　图 8-22　牛结核病　淋巴结结核结节

【防治】具体措施：

（1）链霉素，成年牛每日 10～15 g，分两次肌内注射。与其他抗结核药同时使用效果更好。

（2）卡那霉素，每日 10～15 g，分两次肌内注射。利福平 6～10 g，分两次口服。

三、内科疾病

1. 食道阻塞

【病因】食道阻塞是食团或异物突然阻塞于食道的一种疾病。主要是由于饥饿吃草太多太急，吞咽过猛，使食团或块根、块茎类饲料未经充分咀嚼所引起。另外，食道麻痹、食道痉挛、食道狭窄等也可引起本病。

【诊断要点】病牛突然停止采食，烦躁不安，有时空口咀嚼、咳嗽或伴有臌气。

阻塞部位如在颈部食道，可在左侧食道沟摸到硬块。送入胃管后，如果食道胃管插入受阻，即可确定阻塞部位。该病应与瘤胃臌气鉴别诊断，特别是在非完全阻塞而胃管又能下送时要特别小心。两者虽然都出现瘤胃臌气，但食道阻塞有口流泡沫，精神紧张。多次胃管探诊，亦有受阻现象。

【治疗】根据阻塞的性质和部位不同，可采取下列几种方法：

（1）挤压吐出法：适用于块状饲料所致的颈部食道阻塞，挤压之前先通过胃管送入 2% 的普鲁卡因 10 mL，液状石蜡 50 ~ 100 mL。然后用胃管缓慢推送阻塞物，向头方向挤压阻塞物。使阻塞物上移经口吐出。

（2）直接取出法：该法适用于咽部食道阻塞。用开口器将口打开，固定好牛头和开口器，一人用手按压阻塞物使之上移，另一人伸手入咽，夹取阻塞物（图 8-23）。

（3）推进法：阻塞物在胸部食道时，可通过胃管先灌入 2% 普鲁卡因 10 mL，食用油 50 ~ 100 mL，然后用胃管缓慢推送阻塞物，将其顶入胃中。

（4）打气法：将胃管插入食道，露于外部的一端接在打气筒上打气，利用气体将阻塞物推入胃中（图 8-24）。

图 8-23　直接取出法治疗食管阻塞

图 8-24　打气法治疗食管阻塞

【预防】杜绝牛可能采食块根饲料或异物的途径。

2. 瘤胃膨胀

【病因】本病为大量采食苜蓿、三叶草、紫云英、豌豆苗、甘薯秧等易发酵产气的饲料；或饲喂大量未经浸泡的豆类饲料；饲喂发霉变质的饲料。也可继发于创伤性网胃炎等（图 8-25～图 8-28）。

图 8-25　紫云英

图 8-26　豌豆苗

图 8-27　三叶草

图 8-28　苜蓿

【诊断要点】采食后不久腹部急性臌胀、呼吸困难，叩击瘤胃紧如臌皮，声如鼓响，触诊有弹性，腹壁高度紧张。严重时可视黏膜发绀。后蹄踢腹，呻吟，四肢张开甚至张口吐舌、口角流涎。病至后期，患畜沉郁，不愿走动，有时突然倒地窒息，痉挛而死。继发性膨胀，病状时好时坏，反刍减少或废绝，一旦膨胀消失食欲又可自行恢复（图 8-29、图 8-30）。

图 8-29　瘤胃膨胀流涎

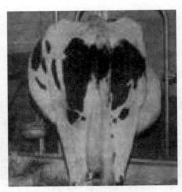

图 8-30　瘤胃膨胀、腹壁膨胀

【治疗】排气减压，防腐止酵，强心补液，健胃消导，防止自体中毒。

（1）胃管放气：将开口器固定于口腔，胃管从口腔直接伸入口中，术者可上下、左右移动胃管。助手随胃管移动，以手用力按压左侧腹壁，气体即可经胃管排出。待腹围缩小后，可将药物经胃管注入。

（2）穿刺法：于左肷部突出部剪毛，5%碘酒消毒，将 16 号封闭针垂直刺入瘤胃内，入针深度以穿透胃壁，能放出气体为限。放气时应使气体徐徐排出。最后用左手指紧压腹壁，拔出针头，局部消毒。

（3）药物治疗：①硫酸镁 500 mL、鱼石脂 30 g、加水一次灌服。②液状石蜡 1 000 mL，鱼石脂 30 g、蓖麻油 40 g，加水灌服。③食醋 1~2 kg、植物油 500~1 000 g，一次灌服。④生石灰 300 g，加水 3 000~5 000 mL，溶化取上清液灌服。

【预防】应严格饲喂制度，精料不宜过大，更换饲料应逐渐进行。

3. 前胃弛缓

【病因】前胃弛缓是指前胃机能紊乱而表现出兴奋性降低和收缩力减弱的一种疾病。主要病因是长期饲喂单一劣质、粗硬、难以消化的饲料，或饲料搭配不合理，糟粕类饲料及精料饲喂过多，粗饲料不足。牛只采食量少，突然更换饲料。牛只采食过多，瘤胃负担过重及饲料发霉变质、冰冻饲料都可引起本病的发生。也可继发于创伤性心包炎，瓣胃阻塞，真胃积食，以及某些传染病（图 8-31~图 8-32）。

【诊断要点】食欲减退或者废绝，表现为食欲异常，有的吃料而不吃草，有的吃草而不吃料。听诊瘤胃蠕动音异常。一种是蠕动音频繁而力量微弱；另一种是蠕动音减小、次数减少。先便秘，后拉稀，或便秘拉稀交替发生，便秘时粪球小。色黑而干，拉稀时量少而软，有时有未消化的饲料。机体消瘦明显。

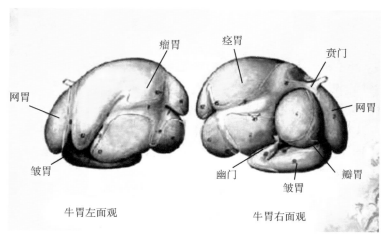

牛胃左面观

牛胃右面观

图 8-31　牛前胃的结构

图 8-32 前胃弛缓 眼球凹陷，脱水

【治疗】消除病因、兴奋瘤胃、加强瘤胃功能、防腐止酵，防止机体酸中毒。

（1）先停食 1~2 天，再给予少量优质多汁饲料。

（2）静脉注射促反刍液 500 mL。

（3）皮下注射 0.1%氨甲酰胆碱 1~2 mL 或 3%毛果云香碱 2~3 mL。

（4）50%葡萄糖 300~500 mL，维生素 C 1 000 mg 一次静脉注射。

4. 牛创伤性网胃炎

【病因】本病是患畜吃下尖锐硬质异物，如铁丝、铁钉、玻璃等很快转入网胃，并进一步损伤或刺穿网胃壁所引起的。同时，较长的异物可穿透胃壁、横隔膜，刺伤心包、脾、肝、肺等器官，使其造成创伤（图 8-33、图 8-34）。

【诊断要点】本病一般发病缓慢，初期没有明显变化，日久则精神不振，食欲反刍减少。瘤胃蠕动音减弱或停止，并经常出现反复性的膨胀。病情严重时，除出现前胃弛缓症状外，还有弓背、呻吟。用拳捶击剑状软骨左后方，病牛表现为疼痛、躲闪。站立时，肘关节开张，下坡转弯走路或卧地时，表现非常小心，起立时多先起前肢。粪量减少，干燥。呈褐色或暗黑色，常覆盖一层黏液。

【治疗】对未穿透胃壁的，可用瘤胃取铁器取出铁丝等，并同时注射抗生素类药物进行消炎。对已穿透胃壁的或非金属性异物的，可行瘤胃切开术取出异物。

【预防】由于本病治疗较为困难，故应加强预防，在饲喂前注意清除饲料中的坚硬异物。

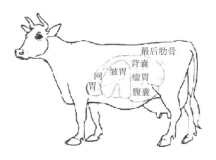

图 8-33　牛四个胃的结构

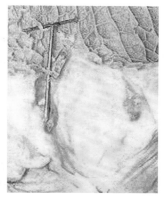

图 8-34　创伤性网胃炎　铁丝穿入网胃壁

四、产科疾病

1. 胎衣不下

【病因】胎衣不下即正常分娩时，产出胎儿后 12 h 仍未排出胎衣。主要是妊娠后期运动不足，饲料中缺乏钙盐、矿物质和维生素所致。此外，胎儿过大、难产、子宫内膜炎或布氏杆菌病也可引起胎衣不下。

【诊断要点】

（1）全部胎衣不下：大部分胎衣滞留在子宫内，只有少量流于阴道或垂于阴门外。有时阴门外看不见胎衣，只有在阴道检查时才能被发现。

（2）部分胎衣不下：大部分胎衣悬垂在阴门外，只有少量粘连在子宫体胎盘上。

（3）如胎衣不下，经过 2~3 d 后，病牛常表现为弓腰怒责，恶露，精神沉郁，食欲、反刍减少，体温升高等症状（图 8-35、图 8-36）。

图 8-35　胎衣不下（1）

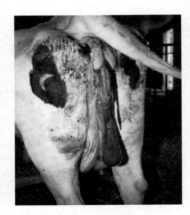

图 8-36　胎衣不下（2）

【治疗】具体措施：

（1）药物治疗：可一次静脉注射 10% 氯化钠溶液 250～300 mL，25% 的氨钠钾溶液 10～12 mL，每日 1 次，在产后 24 h 内 1 次注射。垂体后叶素 100 U 或者麦角新碱 15～20 mL。可促使子宫收缩，排出胎衣。

（2）手术剥离：在剥离前 1～2 h，向子宫内灌入 10% 氯化钠溶液 1 000～2 000 mL，以便于剥离。胎衣剥离后，子宫内应灌注抗生素类药物，防止继发感染。

2. 子宫内膜炎

【病因】子宫内膜炎是牛产后常见的一种疾病，主要由于生殖道感染所引起。

【诊断要点】全身症状明显，体温升高，精神沉郁。食欲减退或废绝，反刍停止。病牛怒责，由阴门流出黏液性或脓性分泌物。分泌物初为灰褐色，有特殊的腐臭味。直肠检查：子宫角变大，宫壁变厚，收缩反应微弱。有时有痛感，若有分泌物蓄积时，可感到有波动。

【治疗】

（1）用土霉素或四环素 2 g，金霉素 1 g，青霉素 100 万 U，链霉素 100 万 U，以上药物任选一种溶于 100～200 mL 蒸馏水中。一次注入子宫。每天 1 次，直至排出的分泌物干净为止。

（2）有脓性分泌物时，用 5% 复方碘溶液，5%～10% 鱼石脂溶液，3%～5% 氯化钠溶液，0.1% 高锰酸钾溶液或 0.02 g 呋喃西林溶液，任选一种做子宫注射。

（3）对隐性子宫内膜炎，宜在发情配种前 6～8 h，向子宫内注射青霉素 100 万 U，可提高受胎率，减少隐性流产。

五、犊牛疾病

1. 犊牛消化不良

【病因】过早采食或人工喂奶不定时、不定温、不定量，饲料和奶质不佳等，致使初生犊牛抵抗力下降，从而引起消化不良；饲养管理不当，犊牛舔舐污物、污水等；母牛患有乳腺炎等也可引起犊牛消化机能紊乱造成细菌感染。

【诊断要点】单纯的消化不良，病情较轻，主要表现为腹泻，精神尚可，有食欲，无其他全身症状。病情较重者，排粪次数增多，呈粥状或水样，无异常恶臭。如病情延长，可引起中毒性消化不良，表现为精神沉郁，行动迟缓，剧烈腹泻，粪便呈水样，有黏液，恶臭。

【治疗】单纯性消化不良应着重去除病因，调整胃肠机能；严重者应进行抗菌消炎，补液消毒。同时加强对犊牛的饲养管理，防止舔食污物及饮用不洁饮水；母牛乳房要经常清洗，保持清洁；犊牛要增加运动和日光浴。

2. 犊牛大肠杆菌病

【病原】本病又称犊牛白痢，是由大肠杆菌引起的一种急性传染病，主要发生在 10 日龄的新生犊牛。多因犊牛出生后未及时吃到初乳或吃乳量不足，饲养环境差，以及断脐后消毒不严等感染大肠杆菌而引起。

【诊断要点】临床上主要分为败血型、肠炎型和中毒型。

（1）败血型：主要发生于 3 月龄的犊牛。表现为体温升高，多数有腹泻，排黄绿色或淡黄色水样腥臭稀粪。

（2）肠炎型：主要表现为腹泻，排出淡黄色恶臭的水样或粥样粪便，体温稍有升高。病情严重者出现脱水，机体衰竭。

（3）中毒型：主要由于大肠杆菌在小肠内大量繁殖，产生毒素所致。急性者未出现症状即死亡，病程稍长的可见中毒性神经症状（图 8-37、图 8-38）。

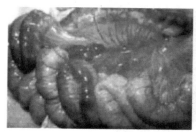
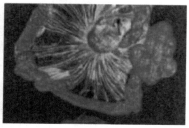

图 8-37 小肠出血、臌气 　　　　图 8-38 小肠黏膜充血

【治疗】对本病治疗越早越好，否则效果不佳。具体措施：抗菌消炎，首选环丙沙星、庆大霉素和磺胺类药物；针对全身症状的要对症治疗，补给体液，缓解中毒症状，防止机体衰竭；治疗过程中还要加强对犊牛的饲养管理，保持环境的清洁和温暖。

六、寄生虫病

1. 疥螨病

【流行病学】疥螨病是由疥螨科和痒螨科的螨虫寄生于牛体表或皮肤内所引起的一种慢性、接触性传染病。临床上以湿疹性皮炎、脱毛及剧痒为特征。此病可通过与患畜或被污染的物体接触而感染。疥螨虫发育的最适宜条件是阳光不足和潮湿，所以牛舍潮湿，饲养密度过大，皮肤卫生状况不良时容易发病。发病季节主要在冬季和秋末春初。

【诊断要点】病初出现粟粒大的丘疹，随着病情的发展，开始出现发痒的症状。由于发痒，病牛不断地在物体上蹭皮肤，而使皮肤增加鳞屑、脱毛，致使皮肤变得又厚又硬。如果不及时治疗，1 年内会遍及全身，病牛逐渐消瘦。在皮肤病变部位与健康部位交界处，用刀刮取皮屑，镜检可看到虫体（图 8-39）。

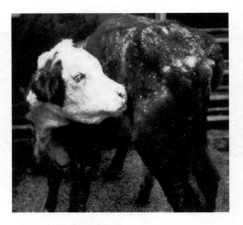

图 8-39　病牛消瘦，背毛脱落，出现鳞屑

【防治】治疗牛疥螨的方法很多，可选用药液进行浸洗或喷雾。2%石灰硫黄溶液（生石灰 5.4 kg，硫黄粉 10.8 kg，水 400 L）浸洗，每周 1 次，连用 4 次。螨毒灵乳剂，配成 0.05%水溶液，喷淋或擦洗 1 次，1 周后再治疗 1 次。伊维菌素，每千克体重 0.2 mL，一次皮下注射，10 d 后重复注射 1 次。

【预防】改善饲养管理，牛隔离治疗；对已有虫体的牛群，杀灭虫体，防止入冬后蔓延开；保持牛舍的通风干燥，牛体的卫生；此病的多发季节，应采取预防措施。

2. 牛皮蝇蛆病

【流行病学】牛皮蝇蛆病是皮蝇科皮蝇属的幼虫寄生于牛的背部皮下组织所引起的一种慢性寄生虫病。由于皮蝇幼虫的寄生，引起病牛瘙痒，局部疼痛，影响休息和采食，使患牛消瘦，犊牛发育不良，产乳量下降，皮革质量降低，造成巨大经济损失。本病的发生与环境卫生有很大关系。牛感染多发生在夏季炎热、成蝇飞翔的季节。

【诊断要点】 雌蝇产卵时引起牛恐惧不安，影响采食和休息，消瘦，惊慌奔跑，可引起流产、跌伤、骨折甚至死亡。幼虫钻入皮肤，引起皮肤痛痒，精神不安。幼虫在体内移行时，造成移行部位组织损伤，导致局部结缔组织增生和皮下蜂窝织炎，若继发细菌感染可化脓，流出脓液，肉质降低。幼虫进入大脑寄生可出现神经症状，甚至死亡。在牛背上摸到长圆形结痂，以后肿瘤隆起，见有小孔，小孔周围有脓痂，用力挤压可挤出虫体而确诊；或在牛体被毛上可查到虫卵（图8-40）。

图8-40 牛背上的结痂，挤出后可看到虫体

【防治】 关键是掌握好驱虫时机，消灭牛体内的幼虫，不能让其发育到第三期幼虫。

（1）皮蝇磷：每千克体重 100 mg。

（2）伊维菌素：每千克体重 0.2 g，皮下注射。

（3）驱蝇防扰：在成蝇产卵的季节，每隔半月向牛体喷2%敌百虫溶液；可经常刷拭牛体表，以控制虫卵的孵化。

（4）不要随意挤压结块，以防虫体破裂引起变态反应。应用注射器吸取敌百虫水等药液直接注入，以杀死或使其蹦出。

3. 肝片形吸虫病

【流行病学】 肝片形吸虫病是由肝片形吸虫寄生于肝脏、胆管中引起的一种寄生虫病。本病呈世界性分布，我国分布很广，多呈地方性流行，危害相当严重，尤其是对犊牛。本病除发生于牛外，羊、猪、马、兔和人等也有感染。中间宿主是本病流行的主要因素，流行感染季节多在每年的夏秋两季，气候潮湿、雨量充足有利于中间宿主和幼虫的发育，促使本病的发生。

【诊断要点】病牛的抵抗力逐渐降低，衰弱，皮毛粗乱、无光泽，食欲减退，消化紊乱，黏膜苍白，贫血、黄疸，最后极度虚弱死亡。病牛死后可见肝脏、胆管扩张、增厚，其中可见大量寄生的肝片形吸虫（图8-41、图4-42）。

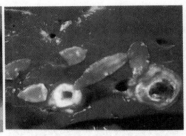

图8-41 胆管肥厚，管腔中有肝片形吸虫的成虫

【防治】丙硫苯咪哩：剂量按每千克体重15 mg，一次内服。硝氯酚：按每千克体重5~7 mg，灌服。硝硫氰醚：按每千克体重50~60 mg，一次灌服。

图8-42 肝片形吸虫的成虫全貌

第九部分　肉牛养殖场的经营与管理

一、生产计划编制

牛场生产计划的编制一般以年为单位，计划的编制是为了给经营管理、费用控制、草料贮备、工作安排等方面提供依据，主要包括繁殖配种计划、牛群周转结构计划、牛群出栏计划、饲料储备和消耗计划等。

（一）年度生产计划编制考虑因素

1. 牛群的品种或饲养技术水平　不同的品种，其适宜繁殖的月龄存在差异，在做这些生产计划时要考虑进去，比如大型的品种牛夏洛来和小型的安格斯牛其适配年龄是不同的，在做计划时考虑这些因素，就会使计划更接近实际情况。

2. 气候的特点　气候的影响一方面是影响到繁殖产犊的时间分布，虽然牛发情没有明显的季节性，常年都可以发情交配，但实际生产中比如夏季7~9月高温季节产犊，容易造成母牛胎衣不下、子宫炎症，犊牛容易出现肺炎、高热等疾病而死亡。另一方面，夏季牛只采食量会下降容易掉膘，这个季节育肥出栏从经济效益上就比较差。

3. 饲料　饲料品质好坏、适口性如何都会影响到整个生产过程的进度。使用青贮料、麦秸、花生秧、啤酒糟等，在实际使用过程中都会影响到牛只的采食情况，最终影响到生产进度和生产计划的准确性。

4. 牛群的年龄胎次 年龄不同牛只的育肥效果就会有差异，繁殖性能就会不同。

5. 硬件条件 圈舍的有效周转性、牛舍的饲养密度、夏季的防暑降温、冬季的防寒措施都可能影响到牛只的生产性能。

6. 饲养管理、技术水平 饲养管理技术水平的高低会影响到牛只体重、体尺的发育是否正常，如果饲养技术条件差，就会延缓牛只的发育，造成性成熟、体成熟推迟。

（二）年度生产计划编制

1. 配种产犊计划 配种产犊计划是牛场各种生产计划的基础，是制订牛群周转计划的重要依据。制订本计划可以明确计划年度各月份参加配种的成年母牛和产犊情况，以便做到计划配种和生产。

配种计划是按预期要求，使母牛适时配种、分娩的一些措施。编制配种分娩计划，不能单从自然再生产规律出发，配种多少就分娩多少，而是在全面研究牛群生产规律和经济要求的基础上，根据开始繁殖年龄、妊娠期、产犊间隔、生产任务、饲料供应、饲养管理水平等条件，确定牛只的大批配种分娩时间和头数，编制配种分娩计划。母牛的繁殖特点为全年分散交配和分娩，季节性特点不明显。所谓的按计划控制产犊，就是把母牛分娩放到最适宜产犊的时间，母牛胎衣不下、子宫炎少发，犊牛肺炎、脐炎、发热、腹泻疾病少发的季节为好，有利于提高犊牛的成活率和减少母牛繁殖疾病。我国北方通常控制 7~8 月母牛产犊分娩率不超过 5%，即控制 9~11 月的配种头数，其目的是使母牛产犊避开炎热季节（表 9-1、表 9-2）。

表9-1　配种计划表

牛号	最近产犊日期	胎次	上次产犊日期	已配次数	预定受孕日期	预产期	备注

注：一般要求母牛产后60~80天受孕；育成牛到14月龄或者体重达到成年体重的70%以上（370 kg）开始配种。

表9-2　全群各月繁殖计划表

月份	1月	2月	3月	4月	5月	6月	7月	8月	9月	10月	11月	12月	合计
配种头数													
分娩头数													

2. 牛群周转计划　牛群周转计划是牛场生产的主要计划之一，是指导全年生产、编制饲料计划、产品计划的重要依据。制订牛群周转计划时，首先应规定出栏头数、存栏头数，然后安排各类牛的比例。牛群在一年内，由于出生、购入、出售、死亡等原因，会经常造成数量上的增减变化。为了掌握牛群的变动，有计划地进行生产，牛场应在编制繁殖计划的基础上编制周转计划，这样有助于落实生产任务，保证牛群再生产的实现。周转计划是反映牛群再生产的计划，是一个动态的数据呈现，管理人员通过周转计划或周转表就可以清楚地知道牛场一个月或一年增加了多少头牛、出售了多少头牛。编制牛群周转计划的方法如下（表9-3）。

表9-3　月周转计划表

年龄项目	0~2月龄		3~6月龄		7~12月龄		13~18月龄		19月龄以上	1胎	2胎	小计
	公	母	公	母	公	母	公	母				
月初存栏情况												

续表

项目＼年龄	0~2月龄		3~6月龄		7~12月龄		13~18月龄		19月龄以上	1胎	2胎	小计
	公	母	公	母	公	母	公	母				
增加 购入												
增加 新生												
增加 转入												
减少 出售												
减少 死亡												
减少 转出												
月末存栏情况												

注："转入"指牛只年龄段的变更，是牛只处于不同阶段划分产生的，和"转出"是对应的，比如，牛只由2月龄长到3月龄，则转出会减少1头而同时转入3~6月龄阶段会增加1头。

（1）根据年初牛群结构，计划期内的生产任务和牛群扩大再生产要求，确定计划年末牛群结构。

（2）根据牛群繁殖计划，确定各月分娩头数及产犊数。

（3）根据成母牛使用年限、体质情况和生产性能，确定淘汰牛头数和淘汰大致时间。

（4）根据草料供应情况、季节性因素和市场价格因素确定育肥牛处理头数和大致时间。

（5）当牛群稳定在一定规模，且提高头数比较少时，就有相当一部分犊牛或育成牛被出售，在编制周转计划时，就应该考虑到这一点。根据繁殖计划及牛群中的犊牛和育成牛数量，先留足牛场更新用的牛只，再确定出售部分的数量和出售时间。

3. 出栏计划　出栏计划是促进牛场生产，改善经营管理的一项重要措施，是牛场制订牛奶供应计划、饲料计划和组织班组劳动竞赛，搞好财务管理的重要依据。奶牛场每年都要根据市场需求和本场情况，制订牛只的出栏计划，实际上出栏计划可以和周转计划结合起来。

4. 饲料计划　为了使肉牛生产建立在可靠的物质基础上，每个牛场每年都要制订饲料计划。编制饲料计划，首先要有牛群周转计划（标定每个时期，各类牛的饲养头数），各类牛群饲料定额等资料。全年饲料的需要量，可以根据饲养的牛头数予以估计。各种饲料的年需要量得出以后，根据本场饲料自给程度和来源，按当地单位土地面积的饲草产量即可安排饲料种植计划和收购、供应计划。

确定平均饲养头数　根据牛群周转计划可以计算出日平均饲养头数。

各种饲料需要量　可以按照表9-4计算出全年各种饲料的需要量。

表9-4　肉牛各种饲料需要量

饲料类型	牛群类型	用量
精料补充料（kg）	繁殖母牛	日平均饲养头数×365×日饲喂量
	育成牛	日平均饲养头数×365×日饲喂量
	犊牛	日平均饲养头数×365×日饲喂量
黄贮/青贮（kg）	繁殖母牛	日平均饲养头数×365×日饲喂量
	育成牛	日平均饲养头数×365×日饲喂量
花生秧等干草（kg）	繁殖母牛	日平均饲养头数×365×日饲喂量
	育成牛	日平均饲养头数×365×日饲喂量
	犊牛	日平均饲养头数×365×日饲喂量

编制计划时，在理论计算值的基础上要提高15%～20%为预计储备量，一方面要考虑到损耗，另一方面要考虑到应急之需，比如干草的贮备就要比计划多出2个月左右。

二、岗位责任管理制度的制定

责任制是在生产计划的指导下，以提高经济效益为目的，实行责、权、利相结合的生产经营管理制度。建立健全牛场岗位责任管理制度，是加强牛场经营管理，提高生产管理水平，调动职工生产积极性的有效措施，是办好牛场的重要环节。

通过生产责任制，做到责任分明，分工明确，奖罚落实，用料有计划，生产有安排，生产指标能及时检查，养牛生产成本可随时核算，出现亏损可及时纠正。同时有利于提高工效，实现科学养牛，提高产犊率、成活率和奶产量。实行目标管理时应注意岗位制定的合理性和工作定额制定的科学性，真正做到责、权、利相结合。从一个肉牛场的正常运转考虑在岗位设置上应包含以下岗位或人员。

1. 场长　负责协调处理安排整个牛场的生产和事务。

（1）负责牛场全面工作，在规定的用人指数内，合理安排各岗位员工，在权限范围内科学有效地组织与管理生产。

（2）负责监督执行牛场各项规章制度、操作规程和管理规范。

（3）制定并实施场内各岗位的考核管理目标和奖惩办法。

（4）定期对技术人员和各岗位员工进行考评，根据考核成绩对员工予以适当的经济奖惩、教育或辞退。

（5）例行增产节约，努力提高牛场经济效益。

（6）安全生产、杜绝隐患。

2. 技术负责人　负责牛场生产环节的各项指标制定、饲养管理、疫病防治、饲草料采购及质检。

（1）参与牛场全面生产技术管理，熟知牛场管理各环节的技术规范。

（2）负责各群牛的饲养管理，根据后备牛的生长发育状况及成母牛的膘情，依照营养标准，参考季节、胎次的不同，合理、及时地调整营养搭配。

（3）负责各群牛的饲料配给，发放饲料供应单，随时掌握每群牛的采食情况并记录在案。负责按月计算饲料消耗情况，可以提供日饲养成本。

（4）负责牛群周转工作。记录牛场所有生产及技术资料。

（5）负责各种饲料的质量检测与控制。

（6）掌握牛只的体况评定方法，负责组织选种选配工作。

（7）熟悉牛场所有设备操作规程，并指导和监督操作人员正确使用。

（8）熟悉各类疾病的预防知识，根据情况进行疾病的预防。

3. 饲养人员　负责日常牛只的饲养环节。

（1）保证牛只充足的饮水供应；经常刷拭饮水槽，保持饮水清洁。

（2）熟悉本岗位牛只饲养规范。保证喂足技术员安排的饲料给量。勤填少给、不堆槽、不空槽，不浪费饲料。饲喂时注意拣出饲料中的异物。不喂发霉变质、冰冻饲料。

（3）牛粪、杂物要及时清理干净。牛舍、运动场保持干燥、清洁卫生，夏不存水、冬不结冰。

（4）熟悉牛只的基本情况，注意观察牛群采食、粪便、乳房等情况，发现异常及时向技术人员报告。

（5）配合技术人员做好检疫、医疗、配种、测定、消毒等工作。

（6）注意观察发情牛并及时与配种员联系。

4. 繁育人员

（1）负责制订年度配种繁殖计划，参与制订选配计划。

（2）认真观察牛群，做好发情鉴定，适时配种，按规定时间做妊娠诊断。

（3）做好母牛产前产后监护工作，负责母牛繁殖疾病的预防及诊疗。

（4）及时记录母牛发情、配种、妊检、流产、产犊、治疗等技术数据，填写繁殖卡片。

（5）做好精液、药品的出入库记录和汇总。

（6）按时整理、分析各种繁殖技术资料，及时上报并提出合理化建议。

5. 兽医

负责日常牛只的繁殖、接产、疾病处理和防疫等工作。

（1）负责牛群卫生保健、疾病监控与治疗、贯彻执行防疫制度、制订药械购置计划、填写病例和有关报表。

（2）合理安排不同季节、时期的工作重点，及时做好总结工作。

（3）每次上槽仔细巡视牛群，发现问题及时处理。

（4）认真细致地进行疾病诊治，认真做好发病，处方记录。

（5）及时向场长反馈场内存在的问题，提出合理化建议。配合畜牧技术人员，共同搞好饲养管理。贯彻"以防为主，防重于治"的方针。

6. 饲草料加工和配送人员

（1）严把质量关，草料购进后要堆放整齐，登记入库，存放要离墙离地，存放地点通风干燥。

（2）严格按照饲料配方配合精饲料。

（3）严格按照操作规程操作各类饲料机械，确保安全生产，草料存放场所要定期预防鼠害。

（4）要有完整的领料、发料记录，并由当事人签字。

（5）上料要准确，严格按日粮配方上料；运送或加工饲料时，注意拣出异物和发霉变质的饲料。

（6）每月汇总各类饲料进出库情况，配合财务人员清点库存。

7. 电工、维修工职责规范

（1）严格按操作规程安全操作，不违章作业。

（2）及时处理各种紧急故障，如停水、停电。

（3）除工作时间外，因场内紧急工作需要应随叫随到。

（4）定时检修维护各种机械设备，保持设备完好性。

牛场岗位责任管理的形式可因地制宜，可以承包到牛舍（车间）、班组或个人，实行大包干；也可以实行目标管理。如"四定一奖"责任制，一定饲养量，根据牛的阶段、工作程序等，固定每人饲养管理牛的头数，做到定牛、定栏；二定任务量，确定每组牛的受胎率、产犊、犊牛成活率、后备牛增重、育肥牛增重指标；三定饲料，确定每组牛的饲料供应定额；四定报酬，根据饲养量、劳动强度和完成包产指标的情况，确定合理的劳动报酬，超产奖励、减产赔偿；一奖，繁殖母牛产犊数超过年度计划产犊数或者育肥结束增重效果超出预期则对员工重奖。

三、生产岗位生产定额管理

定额管理是计划管理的基础，是企业科学管理的前提，相当于企业制度的年度费用计划。为了增强计划管理的科学性，提高经营管理水平，取得经营的预期效果和收益，应当在计划管理的全过程搞好定额工作，充分发挥定额管理的作用。

（一）牛场定额种类

牛场计划中的定额种类很多，劳动定额、人员配备定额、饲料贮备定额、机械设备定额、物资贮备定额、产品定额、财务定额等。

1. 劳动定额　即生产者在单位时间内应完成符合质量标准的工作量，或完成单位产品或工作量所需要的工时消耗，又可称工时定额。

2. 人员配备定额 即完成一定生产任务应配备的生产人员、技术人员和服务人员标准。

3. 饲料储备定额 按牛的饲喂量来确定饲料供应量，包括各种精饲料、粗饲料等的贮备和供应量。

4. 机械设备定额 即完成一定生产任务所必需的机械、设备标准或固定资产利用程度的标准。

5. 物资贮备定额 按正常生产需要的零配件、燃料、原材料、工具等物资的必需库存量。

6. 产品定额 即畜产品的数量和质量标准。

7. 财务定额 即生产单位的各项资金限额和生产经营活动中的各项费用标准。包括资金占用定额、成本定额、费用定额等。

（二）制定牛场生产岗位生产定额

肉牛生产中制定科学、合理的生产定额至关重要。定额偏低，用以制订的计划不仅是保守的，还会造成人力、物力及财力的浪费；定额偏高，制订的计划是脱离实际的，也是不能实现的，且影响员工的生产积极性。主要生产岗位定额的制定包括：人员配备定额、劳动定额、饲料消耗定额、成本定额。

1. 人员配备定额

（1）牛场人员组成：牛场的人员由管理人员、技术人员、饲养人员、后勤及服务人员等组成。

（2）定员计算方法：牛场对牛应该实行分群、分舍、分组管理，定群、定舍、定员。分群是按照牛的年龄和饲养管理特点，一般分为母牛群、育成牛群和犊牛群等；分舍是根据牛舍颈夹数量或牛床数量，分舍饲养；分组是根据牛群头数和牛舍颈夹数量分成若干组。然后根据人均饲养定额配备人员。其他人员则根据全年任务、工作需要和定额配备人员。

2. 劳动定额 劳动定额是在一定生产技术和组织条件下，

为生产一定的合格产品或完成一定的工作量，所规定的必要劳动消耗量，是计算产量、成本、劳动生产率等各项经济指标和编制生产、成本和劳动等项计划的基础依据。

（1）肉牛业劳动定额的特点：畜牧业生产是连续不断的，多数作业都是在相同条件下重复进行的，一般都是以队、班组或畜舍为单位进行饲养管理。当然，由于生产条件以及机械化程度不同，所制定的劳动定额也有所不同。

（2）主要劳动定额的制定：主要劳动定额包括各年龄畜群饲养管理定额、饲料加工供应定额、人工授精定额、疫病防治定额等。这些定额的制定，主要是根据生产条件、职工技术状况和工作要求，并参照以往统计资料和职工实践经验，经综合分析来确定。

（3）劳动定额的质量要求：劳动定额不但表现在数量要求，还必须有具体的工作质量要求，比如饲喂次数、添草要求、饲料加工要求、清粪频率等。

3. 饲料消耗定额　饲料定额是牛场提高经济效益，实行经济责任制，加强定额管理的重要内容。饲料消耗定额是生产牛奶、牛肉等产品所规定的饲料消耗标准，是确定饲料需要量、合理利用饲料、节约饲料和实行经济核算的重要依据。

（1）饲料消耗定额的制定方法：由于牛种类和品种、性别、年龄、生长发育阶段、体重和生产产品不同，其饲料的种类和需要量也不同，即不同的牛有不同的饲养标准。因此，首先应查找不同牛饲养标准中对各种营养成分的需要量，参照不同饲料的营养价值确定日粮的饲喂量；再以日粮的饲喂量为基础，计算不同饲料在日粮中的占有量；最后再根据占有量和牛的年饲养日即可计算出年饲料的消耗定额。需要注意的是由于各种饲料在实际饲喂时都有一定的损耗，尚需要加上一定的损耗量，一般为 5%～10%。

（2）饲料消耗定额：指每种精粗饲料在日粮中占比多少。各个年龄段的牛只体重不同需要采食的干物质不同，比如，一般情况下成年母牛每日干物质采食量在 7~10 kg，饲喂过程中可以按照精饲料需要 2~3 kg，干草需要量 4 kg，黄贮 15~20 kg 来计算。

4. 成本定额　成本定额是牛场财务定额的组成部分，牛场成本分产品总成本和产品单位成本。成本定额通常指的是成本控制指标，是生产某种产品或某种作业所消耗的生产资料和所付的劳动报酬的总和。

牛群饲养日成本等于牛群饲养费用除以牛群饲养头日数。牛群饲养费定额，即构成饲养日成本各项费用定额之和。牛群和产品的成本项目包括工资和福利费、饲料费、燃料费和动力费、兽药费、固定资产折旧费、固定资产修理费、低值易耗品费、其他直接费用、企业管理费用等。这些费用定额的制定，可参照往年的费用实际消耗、当年的生产条件和计划来确定。

主产品单位成本 = （牛群饲养费–副产品价值）÷牛产品总量。